资助

无止桥慈善基金
陈张敏聪夫人慈善基金
北京建筑大学

生土营建
的
传统与现代

穆钧 著

合作者

周铁钢　蒋　蔚
郝石盟　任中琦

同济大学出版社·上海
TONGJI UNIVERSITY PRESS · SHANGHAI

序一
Preface I

以土为材，是我国乃至全世界历史最为悠久、应用最为广泛的房屋营建传统之一。根据住房和城乡建设部过去十多年间在全国开展的多次传统民居调查，尽管我国各地域自然地理环境差异较大，但生土材料的应用传统遍及全国各个省份。这充分证明，可就地取材的生土材料及其营建技术具有十分突出的地域适应性，其中蕴含着大量因地制宜、因需而异，且具有科学性和理性的生态营建智慧，对于我国的绿色建筑发展具有十分重要的传承借鉴意义。

不可否认，与常规的工业化建材相比，传统生土材料在力学和耐水性能方面存在一定的缺陷，难以满足当前建筑质量和安全性能相关标准，甚至被社会大众视为贫困落后的象征，这也是大多数传统建造技术共同面临的窘境。而以法国国际生土建筑中心为代表的国内外相关科研机构，在生土材料性能优化与生土建筑技术方面所取得的一系列具有突破性的研究和实践成果，为生土作为一种绿色建材的现代化应用奠定了重要基础。尤其过去十余年来，在住房和城乡建设部与无止桥慈善基金的支持下，北京建筑大学穆钧教授团队结合我国城乡建设的现状条件，开展了

系统的、在地化的技术研发以及大量的示范建设、工匠培训和项目实践，取得了一系列具有开拓性的成果。与此同时，以王澍、柏文峰、万丽等为代表的专业团队也在城乡建设中开展了类型多样且卓有成效的现代生土建筑研究和实践。可以说，我国生土建筑研究已呈现出一个全新的局面。

本书首次从全国层面梳理了中国传统生土营建工艺的形成、发展，以及各地域传统生土民居建筑的特点及其分布，并从生土材料科学出发，系统介绍了国际现代生土建筑的发展现状，以及穆钧教授团队在国内开展的现代生土建筑研究与实践案例。

绿色建筑设计、施工和运行阶段的新技术开发应该尊重当地气候、尊重传统文化、尊重自然环境和普通老百姓的长远利益。本书从传统到现代的视角，不仅充分证明了中国传统营建智慧传承之于当代城乡建设的现实可行性，而且诠释了一个基于传统建造技术革新的适宜性绿色建筑路径，在当前实现"双碳"目标的背景下，尤其具有十分重要的启发和借鉴意义。

是为序。

仇保兴
国际欧亚科学院院士
住房和城乡建设部原副部长
中国城市科学研究会理事长

序二
Preface II

　　四十年前在大学修读建筑专业期间，我先后考察并深度研究了闽粤地区的传统生土建筑，首次亲身感受到，以福建土楼为代表的传统生土民居中蕴含着大量令人赞叹的生态营建智慧。2008年，由吴恩融教授带领尚在攻读哲学硕士学位的穆钧设计完成的毛寺生态实验小学，更是以近零能耗的建筑热工性能证明了生土材料所具有的突出的生态应用潜力。

　　然而，在现实农村，我们看到越来越多的生土农房被以烧结砖、混凝土等常规建筑材料建成的房屋所取代。究其原因，除了观念上对"土房子"的认识误区以外，还在于传统生土材料在力学和耐久性能方面的相对缺陷。

　　在住房和城乡建设部的支持下，无止桥慈善基金针对传统生土营建技术的改良与应用，自2008年起，先后组织开展了四川马鞍桥村震后重建和甘肃马岔村现代夯土农房建设两个公益研究示范项目。在此过程中，穆钧、周铁钢、蒋蔚等几位老师率队通过大量的田野考察和试验研究，取得了一系列技术突破，有效克服了传统夯土的固有性能缺陷。通过进一步在甘肃、湖北、河北、新疆、江西等17个省或地区完成的大量农房示范建设和公共建筑实践的检验，团队研发的现代夯土建造技术显现出突出的生态性价比和良好的地域适应性。以上实践经验不仅对于广大具有生土建造传统的农村地区的适宜性绿色建筑发展具有十分重要的示范意义，同时也能为中国实现"双碳"目标提供启示。

　　本书面向社会大众，深入浅出地介绍了生土建筑的昨天、今天以及可能的未来。无止桥慈善基金希望通过支持本书的出版，鼓励并支持更多的大学师生团队开展系统性的研究和实践，探索适合中国乡村的生态可持续发展之路，在低碳转型的时代背景下，为实现乡村振兴战略做出贡献。

黄锦星

黄锦星
香港特别行政区金紫荆星章太平绅士
无止桥慈善基金主席
香港特别行政区政府原环境局局长

序三
Preface III

中国古代常用"土木之功"一词来指代房屋建造，而今 Civil Engineering 的中文翻译也用"土木工程"来对应。由此可见，生土与木材一样，在中国建筑文化遗产中具有举足轻重的地位。拥有数千年应用历史的传统生土营建工艺，是中国传统文化和营建智慧的重要载体。

无止桥慈善基金多年来一直致力于鼓励和支持大学师生深入乡村，认识乡村，在发掘和传承地方传统智慧及文化的基础上，运用可持续的环保理念与村民一同开展修桥筑路、翻新村校、农房示范、社区中心建设、工匠培训等乡村人居环境和民生改善工作，并为中国内地和香港大学生创造服务乡村的公益学习平台，搭建两地青年一代相互交流、相互联通的心桥。

四川马鞍桥村震后重建和甘肃马岔村现代夯土建筑技术研究与示范项目，就是其中两个典型的综合性研究示范项目。尤其自 2011 年以来，在无止桥的统筹和支持下，以及穆钧教授的领导下，联同周铁钢、蒋蔚、常竹青、录维维等老师以甘肃马岔村为基地，在开展现代夯土技术研究的同时，每年通过举办暑期工作营和系列社区公益活动的形式，指导来自中国内地、香港，以及海外的大学生志愿者开展扶贫公益与教学体验工作，包括传统生土民居参观调研、村民居住现状调研与访谈、基于生土营建工艺的房屋与设施示范建设及技术培训等内容。至今已有 30 余所高校的近 500 名大学生志愿者参与其中，获得了两地社会各界的广泛关注，相关工作也先后获得了共青团中央"全国大学生创业大赛"金奖、共青团中央"大学生小平科技创新团队"称号、"挑战杯"全国大学生课外学术科技作品竞赛交叉创新一等奖、国际建筑师协会教育创新奖等教育类奖项和荣誉。

无止桥慈善基金成立至今，已历经 16 个寒暑。借由本书的出版，由衷地感谢住房和城乡建设部，尤其是仇保兴原副部长长期以来给予无止桥和师生团队的指导和大力支持。同时，也特别感谢赞助方太古地产、陈孔明先生的慷慨支持，以及所有师生团队和志愿者的辛苦付出。

无止桥也将继往开来，继续支持和联合专业团队以及社会各界，为乡村振兴、百姓福祉和中国优秀传统文化的传承创新贡献心力，同心培养具有文化自信和社会责任感的年轻一代。

纪文凤
金紫荆星章、银紫荆星章太平绅士
无止桥慈善基金发起人及永远荣誉会长

参与土上工作室系列研究实践工作的成员

教师

穆　钧、周铁钢、蒋　蔚、梁增飞、詹林鑫、崔大鹏
顾倩倩、张　浩、邢　永、叶成龙、邱硕成、任中琦
郝石盟、徐跃家、铃木晋作、Hugo Charly Gasnier
Quentin A. R. ChansavangMarc Auzet、Juliette Goudy
Gian Franco Noriega、朱　玮、杨　乐、王毛真、吴　迪
吴　瑞、颜　培、同庆楠、张　弛、李少艸

研究生

杨　华、徐　颖、彭道强、段文强、黄辰蕾、张冰冰
王　帅、陆磊磊、胡　沛、关格格、梁增飞、张　浩
赵世超、左德亮、包继宏、宋乐帅、李强强、赵川石

郑　超、柯章亮、詹林鑫、黄　岩、王正阳、谢斯斯
李　唐、李　鑫、杜帅鹏、张乃陈、朱瑞召、刘　博
王森华、王博航、杨　琪、赵西子、赵宜芊、邓博伟
王宇恒、梅晓磊、谭　伟、郝一陈、谢月皎、周　健
胡　亮、师仲霖、杨　茹、郭雷平、张晓昌、田　鹏
苏奎文、袁一鸣、顾倩倩、史雨佳、高志鹏、杨亚杰
李广林、姚雅露、杨　洋、魏锦华、宋志辰、苏志凡
高　宇、刘时雨、杨　飞、陈翔宇、宋　玥、陈太鹏
吴仰晨、王海阳、杨雪红、马增圆、曹建刚、李子园
董春凤、邱　瑾、艾　腾、于兴保、位帅帅、刘文辉
张再昱、高永苗、马　奔、王　鑫、唐　迪、任伟振
张瑶陈、陈天琦、车　婧、唐　爽、徐新妍、王旭龙

杨延岭、于沈尉、刘国刚、范雨佳、马雪纯、冯梅瑾
谭季茹、薛春轩、齐文龙、梁智鹏、孙鸿轩、陶 慧
张慧源、张 鹏、陈明明、王步云、罗 霖、徐瑞娜
徐海超、张 峥、李祥山、赵一博、朱 颖、柳紫琦

2015-2017 西安建筑科技大学 Studio 设计课程
雷智博、胡小泽、马 通、任艺潇、魏晓雨、顾倩倩
周师平、崔思宇、孙良玉、王潇阳、吴宇轩、杨 斌
杨乐怡、张 丰、张雅琪、张鹏举、屈碧珂、封 叶
唐行嘉、王轶凡、郝丽慧

2017 北京生土建筑专题展览工作营
赵崇廷、周 全、马 列、陈盈盈、韩霈雯、林泽昕
蔺新星、刘寒露、刘雨樟、吴曦婷、岳海波、张威宁
郑启诺、朱轩宇、Teresa Irigoyen Lopez 、Lindsey Swartz
Alexandra Viscusi

2018 西安美院工作营
嵇 鹤、曹丹瑜、管戴赟、王姝元、姜卓辰、洪佳琦
周芷欣、任佳佳、张靖唯、蓝静纯、王伊甜、陈赞宇
代学熙、路 庆、汪艳珍、谢政霖、刘心悦、张钰蓉
傅潇雯、戴佩慈、陈彦臻、高 山、董 涵、李雨珊
纪雨村、傅慧雪、杜可嘉、肖子敬、韦 百、丁琳铭
荀泽坤、季 瑜、张宇婷、徐涵琪、马 欢、杨瑞龙
胡月文

前言

"万物生于土，而终归于土。"亘古至今，建筑亦然。

土、木、草、竹、石等形态多元、就地可取的自然材料资源，造就了我国各地区丰富绚烂的传统民居建筑、文化，以及人与自然和谐共生的生态价值观。

其中，以土为材，是我国乃至全世界历史最为悠久、应用最为广泛的营造传统之一。至今，在我国仍有至少6000万人口居住在不同形式的生土民居建筑中，且多集中分布于贫困农村地区。尽管享有"冬暖夏凉、生态环保"等美誉，但传统生土民居在抗震和耐水等性能方面存在相对缺陷，使其难以满足今天人们日趋多元的物质和精神需求，甚至成为贫困落后的象征。这也是当今众多传统营造技艺面临的共同窘境。

过去十多年间，在住房和城乡建设部村镇建设司与无止桥慈善基金的大力推动和支持下，在联合国教科文组织"生土建筑、文化与可持续发展"教席国际研究网络的支援下，土上工作室依托西安建筑科技大学和北京建筑大学，针对传统生土营建工艺的发掘、改良与革新，通过系统深入的基础调研、试验研究与示范建设，取得了一系列广受关注和令人鼓舞的成果。

2017年9月，正值无止桥慈善基金成立十周年、香港回归二十周年之际，在住房和城乡建设部村镇建设司、无止桥慈善基金、北京建筑大学的支持下，我们于北京建筑大学举办了我国首次以生土建筑为主题的专题展览（图1-1）。本次展览在总结过往十年的同时，联合国际现代生土建筑界的同仁与先行者，以图文展板、实物工具、样品试件、片段装置、建筑模型、视频资料等形式，首次较为全面地呈现了中国传统生土民居建筑及其建造技术、生土材料应用基本科学原理、生土材料美学表现、土上工作室在现代生土建筑领域的实践与探索，以及国际当代生土建筑优秀案例等板块的内容，旨在使人们重新认识我国生土营建的传统，在了解现代生土材料科学的同时，思考并审视以生土为代表的传统营建工艺在今天的应用潜力以及适宜的发展定位。针对本次展览，无止桥慈善基金与北京建筑大学于2017年夏季，联合举办了一次为期两个月的大学生暑期工作营，所有的实物展品由来自中国内地、香港，以及美国的30余位大学生志愿者和实习生，在研究团队的带领下共同协作，亲手完成。展览于2017年9月16日正式开幕，11月16日闭幕。展览尽管受空间、时间与团队经验的限制，难以充分系统地呈现生土建筑领域的方方面面，但有幸迎来了来自全国各地的6000余位参观者。以此为开端，我们受邀先后参加了深圳华·美术馆"另一种设计"展览、无止桥生土建筑香港专题展、威尼斯建筑双年展、深港城市\建筑双城双年展、UIA世界建筑师大会中国展、CADE建筑设计博览会，以及在德国、法国、英国等地举行的多项专题展览，获得了建筑界乃至社会各界的广泛关注和肯定。

近年来在村镇建设领域，中央、地方政府

及社会各界对于传统文化发掘与传承的重视和投入已达到了前所未有的高度。我们经常被问到的问题，也已经从十几年前的"什么是生土建筑""为什么要做生土建筑"逐渐变成了"如何做生土建筑""生土还能做什么"。与此同时，随着乡村振兴、传统村落保护等工作的持续推进，各地也涌现出许多努力钻研和实践生土建筑的个人和团队。

在此背景下，我们深感有责任对过去十几年的研究和实践进行阶段性的回顾与总结，并以图文结合的形式进行分享和呈现。本书书稿初成后，历经五年的不断完善和更新，如今终获出版。我们希望以此作为开端，向社会大众呈现一幅以"生土"绘就的画卷，抛砖引玉，开启一扇回望传统、审视传承的窗口。

Foreword

"All things are born from earth, and ultimately return to earth." It is an everlasting principle, and the architecture also follows.

Earth, wood, straw, bamboo, stone and other forms of natural materials that are available on the site, have created richly and profoundly traditional as well as vernacular architecture, culture, and harmonious ecological values.

Among them, building with earth is one of the most historical and widely-spread construction traditions in China and the world. Up to now, there are still at least 60 million people living in various forms of earthen dwellings in China, and most of them locate in poor rural regions. Despite the well-known reputation as "warm in winter, cool in summer, and eco-friendly", the relative defects of traditional earth vernacular buildings in terms of earthquake and water resistance make it difficult to meet people's increasingly-diverse material and spiritual demands. In some circumstances, earth buildings even become the symbol of poverty and less developed. Meanwhile, this is a common situation that various traditional craftsmanship has to face.

In the past ten years, with the promotion from Ministry of Housing and Urban-Rural Development (MOHURD) and Wu Zhi Qiao Charitable Foundation (WZQCF), as well as the support from UNESCO Chair/Network in "Earthen architectures, constructive cultures and sustainable development", Xi'an University of Architecture and Technology (XUAUT), and Beijing University of Civil Engineering and Architecture (BUCEA), we has made remarkable efforts on exploring, improving and upgrading the traditional earth construction craftsmanship. Through the systematic and developed surveys, experiments and demonstrative constructions, a series of widely-concerned and encouraging research accomplishments has been achieved.

In September 2017, on the occasion of the 10th anniversary of the Wu Zhi Qiao Charitable Foundation and the 20th anniversary of the return of Hong Kong, under the support from MHURD, the Wu Zhi Qiao Charitable Foundation and Beijing University of Civil Engineering and Architecture, we curated and held the first featured exhibition in China on the theme of earthen architecture on campus of BUCEA(fig. I-1). Besides to summary of the achievements from the past ten years, together with companions and pioneers of international collaborators in the field of modern earthen architecture, the exhibition utilized various media and tools such as illustration boards, hand tools, earth samples, device parts, architectural models and video clips , for the first time, comprehensively presented the content including traditional Chinese vernacular buildings and their construction techniques, the basic applied scientific principles of raw earth, the aesthetic performance of raw earth, the practice and exploration of modern earthen architecture done by onearthstudio, and the excellent cases of international contemporary earthen architectures. The purposes are to raise the recognition towards the traditions of Chinese earthen architecture, help to understand the science of modern earth materials, and also make contribution on contemplating and reinterpreting the application potential and appropriate orientation of traditional construction techniques nowadays represented by earth material. As the additional programs for this exhibition, WZQCF and BUCEA jointly held a two-month student summer workshop in 2017. All the exhibits were made by students and interns from more than 30 universities from the mainland and Hong Kong SAR of China, and the United States, with guidance of the research team. The exhibition opened on 16th, September

I-1 4

and closed on 16th November. Although it is difficult to completely and systematically display all aspects about earth and earthen architecture due to the limited space, schedules and experience, fortunately we received more than 6,000 visitors from all over the country.

Starting off with the first exhibition, in the past four years, parts or all of our exhibits were invited to join a series of exhibitions, such as "Another Way to Design" in Hua Art Museum of Shenzhen, "WZQCF Exhibition of Earth Architecture" in Taikoo of Hong Kong, Bi-City Biennale of Urbanism\Architecture in Shenzhen, Venice Biennale China Pavilion in Italy, UIA World Architects Congress China Pavilion in Korea, CADE China Architectural Design Expo, and other exhibitions held in France, Germany and United Kingdom, and received extensively attention and recognition from the architectural and other societies.

In the past decade, the central and local governments of China, as well as all sectors of society, have paid unprecedented attention and investment in inheritance of traditional culture. The questions we are frequently asked have gradually changed from "what is earth architecture?" and "why earth architecture?" 10 years ago to "how to do earth architecture?" and " what else earth technology could be utilized for?" Meanwhile, more and more individuals and organizations start to study and practice in earth architecture in various regions of China.

In the context, we feel deeply obliged to conduct a stage-by-stage review and summarize our research and practice of earth architecture during the past years, and to share and present it in the form of a combination of graphics and text. After three years of continuous improvement and update, the book gets finally published now. Hopefully, this book will be a threshold to unfold a picture of "raw earth" to the public, inviting them to look back at traditions and examine heritages.

目录

序一   3

序二   4

序三   5

前言   8

第 1 章	1.1	生土营建之传统	18
中国传统生土民居	1.2	传统生土材料的应用类型	28
及其营建工艺	1.3	中国传统生土民居	34
		华东地区传统生土民居	36
		黄土高原地区传统生土民居	54
		青藏高原地区传统生土民居	66
		西南地区传统生土民居	88
		新疆地区传统生土民居	112
第 2 章	2.1	生土材料的应用机理	128
生土材料科学	2.2	传统生土材料的性能特点	134
		性能优势	134
		相对缺陷	140
	2.3	生土营建工艺的优化与提升	144
		材料性能优化	144
		现代夯土建筑设计与施工	148
第 3 章	3.1	基础研究与标准制定	156
国际当代生土建筑	3.2	生土营建工艺当代应用实践案例	162
发展动态		夯土	164
		泥制与夯制土坯	206
		木 / 竹骨泥墙与草泥	230

第 4 章
现代生土建筑的本土
化研究与实践

4.1　农房建设示范与推广　244
　　　马鞍桥村震后重建综合示范项目　244
　　　现代夯土农宅建设示范与推广系列项目　252

4.2　现代建筑设计与应用实践　258
　　　毛寺生态实验小学　258
　　　马岔村村民活动中心　272
　　　万科西安大明宫楼盘夯土景观工程　288
　　　二里头夏都遗址博物馆　294
　　　2019 中国北京世界园艺博览会生活体验馆　302
　　　2019 中国北京世界园艺博览会中国馆生态
　　　　　文化展区序厅　306
　　　"崖"餐厅　312
　　　万涧村儿童公益书屋　318
　　　只有河南·戏剧幻城：东大墙与剧场酒店　332
　　　现代生土建筑研究中心暨土上工作室　346
　　　2019 深港城市 \ 建筑双城双年展（深圳）　354

4.3　视觉表现与设计　358
　　　土的色彩　358
　　　材料美学与设计　365

后记　384
图片来源　390
参考文献　396

Content

Preface I   3
Preface II   4
Preface III   5
Foreword   10

Chapter 1
Traditional Earthen Dwellings and Earth-based Techniques in China

1.1   Traditions of Building with Earthen Materials   18
1.2   Application Types of Traditional Earthen Materials   28
1.3   Traditional Earthen Dwellings in China   34
            Traditional Earthen Dwellings in Eastern China   36
            Traditional Earthen Dwellings in Loess Plateau   54
            Traditional Earthen Dwellings in Qinghai-Tibet Plateau   66
            Traditional Earthen Dwellings in South-western China   88
            Traditional Earthen Dwellings in Xinjiang Region   112

Chapter 2
Science of Earthen Materials

2.1   Application Mechanism of Earthen Materials   128
2.2   Performance of Traditional Earthen Materials   134
            Performance Advantages   134
            Relative Shortcomings   140
2.3   Improvement and Upgrade of Earth-based Technology   144
            Performance Improvement of Materials   144
            Design and Construction of Modern Earthen Architecture   148

Chapter 3
Development of Global Contemporary Earthen Architecture

3.1   Fundamental Research and Standard Establishment   156
3.2   Contemporary Practical Cases of Earthen Construction Technology Utilization   162
            Rammed-earth   164

Adobe and Compressed Earth Brick   206
Wattle & Daub and Straw Mud   230

Chapter 4
Localization Research and Practice of Modern Earthen Architecture

4.1   Demonstration and Dissemination in Rural Construction   244
        Comprehensive Post-quake Reconstruction of Maanqiao Village   244
        Demonstrations and Disseminations of Upgarded Rammed-earth Dwellings
            in Rural China   252
4.2   Modern Architectural Design and Application Practice   258
        Maosi Ecological Demonstration Primary School   258
        Macha Viliage Center   272
        Rammed Earth Landscape in Vanke Xi'an Daminggong Project   288
        Erlitou Site Museum of the Xia Capital   294
        The Life Experience Pavilion, 2019 Beijing International Horticultural Exhibition 302
        The Eco-culture Exhibition Lobby of the China Pavilion, 2019 Beijing International
            Horticultural Exhibition   306
        Ya Restaurant   312
        Charitable Childern's Book House of Wanjian Village   318
        Henan Dramatic City: Eastern City Wall and Theater Hotel   332
        Modern Earth Architecture Research Center and On Earth Studio   346
        Shenzhen 2019 Bi-City Biennale of Urbanism \ Architecture   354
4.3   Visual Expression and Design   358
        Colors of Earth   358
        Material Aesthetics and Design   365

Postscript   384
Photo Credits   390
References   396

第 1 章
Chapter 1

中国传统生土民居及其营建工艺

Traditional Earthen Dwellings and Earth-based Techniques in China

1.1-1　始建于公元前 1 世纪的高昌故城

1.1 生土营建之传统
Traditions of Building with Earthen Materials

生土，通常是指以原状土为主要原料，无需焙烧等化学类改性，仅依靠简单的机械加工便可用于房屋建造的建筑材料。以生土作为主体结构材料的房屋通常被称为生土建筑。

以生土为材的建造传统，自原始社会开始，伴随着中华文明的孕育和发展，延绵传承至今，至少已有 8000 年的历史 [1]156-165。在数千年来形成的浩如烟海的历史遗存和古籍文献之中，可以看到大量以土为材的营建遗迹和详细记载。（图1.1-1～图1.1-3）

土在水分的作用下所表现出的黏粘性和可塑性，以及良好的蓄热、耐火性能与就地可取的特点，使其与木材一同成为史前人类最早用于房屋建造的材料之一。在黄土资源丰富的黄河中下游地区，从大地湾文化时期穴居坑壁用于隔潮、修饰的草泥抹面，仰韶文化时期半穴居向地上建筑过渡中的草筋泥防水屋面和承重木骨泥墙，龙山文化时期大量出现的夯土城垣与夯土台基 [2]102-108; [3]23-24；春秋战国时期以夯土修筑的古长城与大型高台宫殿建筑，历经秦汉时期的全面发展直至初唐，基于草筋泥、木骨泥墙、土坯（或土墼）、夯土、草泥垛等多种生土材料形式的

土木混合结构，已成为系统化甚至规范化的主流营建工艺，被广泛应用于长江以北地区的城乡民宅、宫殿官署、寺庙祭坛的建造，以及长城、城垣、陵墓、堤坝等构筑设施的修筑工程。[2]368-375; [3]96-108, 323-325; [4]653-656 尽管随着盛唐之后木构技术的快速发展与元明之后砖石技术的逐渐成熟，生土营建工艺在宫殿、坛庙、官署、大型宅邸等重要建筑中的角色日益弱化，但由于生土材料的易得性与经济性，用夯土、土坯墙承重，以"硬山搁檩"为代表的土木混合结构，尤其在长江以北地区的城乡一般建筑中的应用依旧十分普遍。[5]44-56 自康乾盛世开始，随着全国人口数量的急剧增加、木材资源的日益匮乏、清末社会经济的整体衰落，由于生土材料可就地取材、操作简易、经济实用的优点，生土营建工艺在民居建造中的应用更为普遍 [3]793。加之大量人口跨地域迁徙，多民族间交流融合，生土建造技术的应用从北方逐步拓展到南方，并且在各地区不同的自然条件和社会文化的作用下，呈现出多样化的应用形式和工艺特点 [6]157-165，由此逐渐形成了今天广泛分布于全国的丰富多样的传统生土民居建筑及其文化。（图1.1-4）

1.1-2　始建于公元前 2 世纪的交河故城被誉为世界上最古老、保存
　　　 得最完好的生土建筑城市

1.1-3　嘉峪关长城，始建于 1372 年

大河村仰韶文化遗址
郑州
3900 B.C.—2900 B.C.
大量出现起承重作用的木骨泥墙（晚期出现垛泥承重墙）；出现用红烧土块垒砌的墙体，可被视为土坯墙的雏形；出现采用料礓石粉、黄砂及少量黏土合成加工并经头火烤形成的居住面。

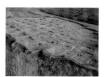

兴隆洼文化遗址
内蒙古敖汉旗
6300 B.C.—5400 B.C.
表面抹草拌泥、夯实黄土形成坡道等遗迹。同时期的山东淄博后李文化遗址中，半地穴房屋室内地面也采用夯土作为下部垫层。

半坡文化遗址
西安
4900 B.C.—3800 B.C.
已出现木骨泥墙、采用回填土夯实做柱基、草泥土抹面处理居住面、利用草筋泥做屋面防水等。大叉手屋架、木骨泥墙和草泥涂抹屋面，形成了以木构为骨干的原始建筑土木混合结构体系。

城头山古城遗址
湖南澧县
4000 B.C.—2800 B.C.
目前已发掘的最早的史前城址，城垣以夹杂卵石的黄胶泥为主材，夯拍堆筑而成，高3.6~5m，宽20m；城中央有一座大型夯土基址。

6000 B.C.   5000 B.C.   4000 B.C.

1.1-4   中国传统生土营建工艺的历史发展脉络

战国赵南长城遗址
河北、河南
333 B.C.
自战国至明朝历代修建的长城，除部分利用天然地形及就地可取的石料外，绝大多数采用版筑夯土修建，尤其集中分布在河套平原、黄土高原、内蒙古高原以及华北平原等地区。

党家村
陕西韩城
明初始建
随着制砖技术和石灰制黏结材料的发展，砖石技术在明代宫殿、寺庙、官邸、乡绅宅院等建筑中，得到广泛的应用。而由于生土材料突出的蓄热特性，尤其在北方冬季寒冷地区，土坯、夯土依然是房屋墙体修筑的主要材料，砖在外部进行包砌，或仅用于生土墙体转角、勒脚等部位，以增强其耐久性能。

明广武长城
山西山阴
1374 A.D.
由于生土材料就地可取的便捷性和经济性，明代修筑的长城与城墙，其主体多为夯土，外部由砖石包砌，以获得更好的耐久性和强度。

中国传统生土民居
自"康乾盛世"开始，随着全国人口的急剧增加、木材资源的日益匮乏，清末社会经济的整体衰落，由于可就地取材、操作简易、经济实用的优点，生土营建工艺在民居建造中的应用更为普遍。尤其随着人口跨地域的迁徙与多民族间的交流融合，生土建造技术的应用从北方拓展到南方，并且因各地自然条件和社会文化的差异，呈现出不同的工艺特点，由此逐渐形成了我们今天能够看到的分布于全国且丰富多样的传统生土民居形式及其营建工艺。

秦咸阳宫遗址
陕西西安
350 B.C.
两周时期，随着版筑技术的成熟，房屋墙体的做法逐步演变为三类：常用于院墙等外垣的素夯土墙、埋置木骨或以内外壁柱加固起承重作用的夯土墙，以及通常不起承重作用的室内草泥垛或木骨泥墙。尤其在春秋战国时期，盛行以台榭建筑模式修建宫室，秦咸阳宫为其中可考之典型。

交河故城
新疆吐鲁番
200 B.C.—1400 A.D.
被誉为全世界保存最为完整、规模最大的生土都市遗址，夯土、"减土"覆土、土墼、草泥垛等生土营建工艺，被因地制宜，灵活应用。

独乐寺观音阁
天津蓟州
984 A.D.
宋辽时期，随着木构技术的成熟和日益规范化，在宫殿、寺庙、官邸等重要建筑中，夯土、土坯等生土多作为围护结构出现，且在勒脚、门洞等部位逐渐由砖石替代或在外部包砌。但由于生土材料的易得与经济性，用夯土、土坯墙承重，以"硬山搁檩"为代表的土木混合结构，尤其在长江以北地区的城乡一般建筑中应用依旧十分普遍。

《营造法式》，李诫
1103 A.D.
宋《营造法式》把以土筑城、筑墙、筑基、制土坯、筑坝等土基工程归入"壕寨"，并有所谓"壕寨官"的记载，可见以土为材的修筑工程在当时的应用广度与重要性。

燕下都遗址
河北易县
400 B.C.—226 B.C.
经过长期且广泛的应用积累，至春秋战国时期，版筑夯土技术已基本成熟，并具备甄别和选用不同类型土质的经验。从《考工记》等工程文献中可看到其甚至已被规范化。在燕下都遗址中可以清晰地看到版筑夯土"以草腰牵引膊椽扶拢模板"的基本特点，该技术体系沿用直至封建社会晚期。

汉长安城未央宫遗址
陕西西安
200 B.C.—198 B.C.
桢榦、版筑、土墼、垛泥等是秦汉时期最为盛行的建造技术，根据其工艺特性的不同，广泛地应用于建筑台基、承重或非承重墙体、边坡、城垣、长城、烽燧、邮台、陵墓、堤坝等修筑工程。

三杨庄汉代民居遗址
河南内黄
西汉晚期
我国古代的各种类型民居，在汉代已基本成熟且已定型，并由此沿用近两千年。其中，以夯土、土坯墙承重的土木混合结构形式，尤其在长江以北地区的住宅、寺庙乃至宫殿中被广泛采用，盛行直至唐代。

佛光寺大殿
山西五台
857 A.D.
随着木构技术的快速发展，自盛唐开始，宫殿、坛庙、官署、大型宅邸等重要建筑逐渐采用木构架结构系统，生土墙的角色从过去的承重向非承重结构转变或部分被砖石结构替代。

《工程做法》
清工部
1734 A.D.
随着明代石灰烧制技术的发展和普及化，利用熟石灰作为添加剂以增强夯土强度、隔潮与耐水性能的做法，在清代的城墙、地基、台基、河坝等重要土工工程中的应用十分普遍。清工部颁布的《工程做法》，对相关工艺进行了分类规范，分为大夯灰土筑法、小夯灰土筑法两大类夯土做法。

1 A.D.   1000 A.D.   2000 A.D.

尧王城、东海峪龙山文化遗址
山东日照
2600 B.C.—2000 B.C.
发现大量台基式建筑，由夯土台基、挖槽式墙基、夯土或土坯墙、护坡等基本要素构成。其中，以土坯作为建筑材料，错缝垒砌成墙体和地面的建筑技术以及台基式建筑模式，开创了夯土台基木结构建筑之先河。

新密古城寨王湾三期文化遗址
河南新密
2600 B.C.—1900 B.C.
是目前中原地区新石器时代地面以上城墙保存最好的城址之一，较清晰地反映出当时的版筑技术及其版筑工具系统，桢榦技术已基本成形；城内发现面积达到400平方米的大型夯土高台宫殿建筑基址。

偃师二里头文化遗址
河南偃师
1850 B.C.—1550 B.C.
夏商时期，尽管房屋营建工艺得到了很大的发展，但木结构系统尚不成熟，包括大型宫殿在内的绝大部分房屋主要依靠木骨泥墙承重，泥垛墙、土坯墙相对较少，夯土承重墙的使用也不广泛，仍处于土木混合结构的初始阶段。

大溪文化关庙山三期遗址
湖北枝江
3700 B.C.—3400 B.C.
当地竹木材已被使用，出现竹／木骨泥墙、红烧土做成的室外散水。

西山仰韶文化遗址
河南郑州
3300 B.C.—2800 B.C.
目前黄河流域最早的史前城址。城垣夯筑而成，厚5~8m，残高3m，是目前发掘最早的版筑夯土技术应用遗迹。

赵家来客省庄文化遗址
陕西武功
2600 B.C.—2000 B.C.
已发掘的较为完整的窑洞院落，窑洞内壁采用白灰抹面，洞口墙为草泥垛墙，洞前院落由三面夯土墙围合。这与当前黄土高原地区传统窑洞民居形态已十分接近。（图片来源：《中国考古学·新石器时代卷》）

王油坊龙山文化遗址
河南永城
2600 B.C.—2000 B.C.
房屋墙体由土坯错缝砌筑，土坯利用模具将湿土夯制成形，此类生土砌块古称"墼"。可见千百年来我国民间广泛使用的"土坯"（草泥水脱坯）和"土墼"（俗称干打坯）在原始社会晚期已经成形。

白营后岗二期文化遗址
河南汤阴
2600 B.C.—2000 B.C.
房屋墙体采用泥土砌块垒筑，砌块可分三种：逐块摔打成类似陶坯的砌块；将摊平的泥土切割成坯块；利用模具逐个拓成相同规格的坯块。这三种做法似乎反映了土坯发展的过程。

大地湾仰韶文化遗址 F901
甘肃秦安
3600 B.C.—2900 B.C.
出现大型殿堂类建筑，地坪采用料礓石烧制的石灰作胶凝材料，与小石子、砂粒混合，并压实拍打制成20cm厚的"混凝土"层，至今仍保持近于100号水泥的强度（水泥强度是100kg/cm²）；墙面多抹有料礓石灰浆。

门板湾屈家岭文化遗址
湖北应城
3400 B.C.—2500 B.C.
目前已发掘的最早的、保留最为完整的土坯房遗址，土坯规格不统一，以此推断其为非模制。土坯间以红黏土泥黏结，条砌与侧砌结合形成错缝，砌筑城墙。

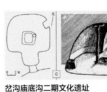

岔沟庙底沟二期文化遗址
山西石楼
2900 B.C.—2600 B.C.
目前已发掘的最早的窑洞村落遗址，窑洞开挖于较陡的黄土坡上，穹窿顶，洞前有平台院落，三五成群排列。（图片来源：《中国考古学·新石器时代卷》）

郑州商城城墙遗址
河南郑州
1500 B.C.
目前已知我国早期规模最大的夯土城垣遗址，采用横向分段版筑与增筑减削结合工艺。这一时期，夯土是最重要的建筑手段之一，被广泛应用于筑城、高台、屋基、墙体及墓圹回填等建造环节，技术得到了极大的提升，为其后生土建筑技术的发展奠定了十分重要的基础。

3000 B.C.   2000 B.C.   1000 B.C.

中国传统社会常以"土木之功"作为所有建造工程的概括之名。从中即可看出，生土与木材一样，在我国传统营造技术和建筑文化遗产中，具有举足轻重的地位。

生土在全世界也是应用最为广泛、历史最为悠久的传统建筑材料之一。

根据联合国教科文组织于21世纪初进行的统计，全球仍有超过20亿人口居住在多种形式的生土建筑之中，主要集中于中东、北非、中亚等的发展中国家或地区。(图 1.1-5)[8]11

根据目前对世界上大量古代文明遗址的考古发现可知，以土为材的建造传统相对独立地起源于古巴比伦、古埃及、古印度、美索不达米亚等主要古代文明[7]7-8，并作为重要的文明载体之一，随着古代文明的崛起、兴盛，逐步传播至周边以及更为广阔的地区(图 1.1-6)。从巴勒斯坦杰里科（Jericho）古城距今 11 000 年的土坯房屋遗迹，古埃及拉美西斯神庙（Temple of Rameses Ⅱ）中距今 3200 年的土坯拱券储藏室残垣，始建于12世纪的西班牙比亚尔城堡（Castillo de Biar），也门希巴姆（Shibam）古城始建于16世纪的土坯高层建筑群，始建于18世纪的摩洛哥艾本哈杜（Ait-Ben-Haddou）城堡，直至欧洲近代利用生土兴建的大量多层住宅，生土营建的传统在人类文明发展的历程中扮演着至关重要的角色。(图 1.1-7 ~ 图 1.1-11)

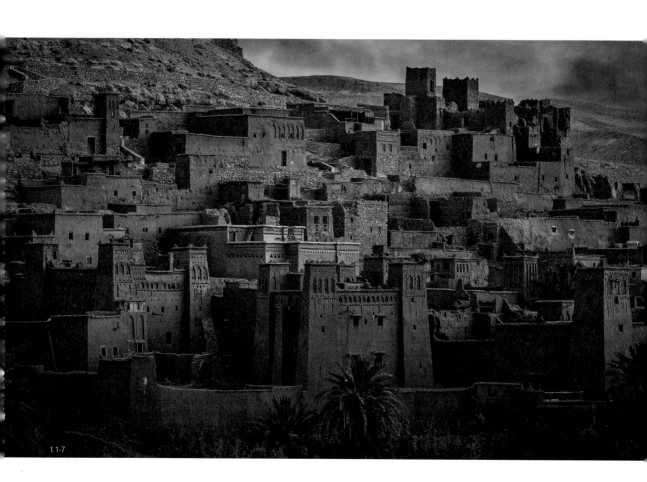

1.1-7

1.1-7　摩洛哥艾本哈杜城堡

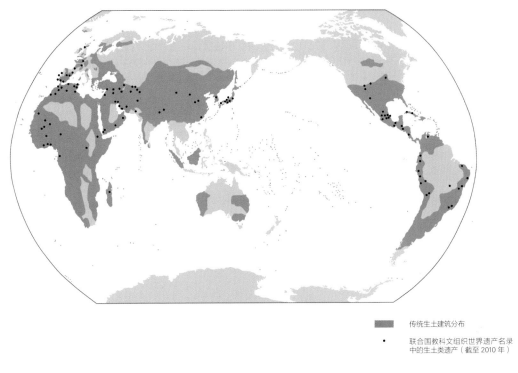

传统生土建筑分布

• 联合国教科文组织世界遗产名录
中的生土类遗产（截至 2010 年）

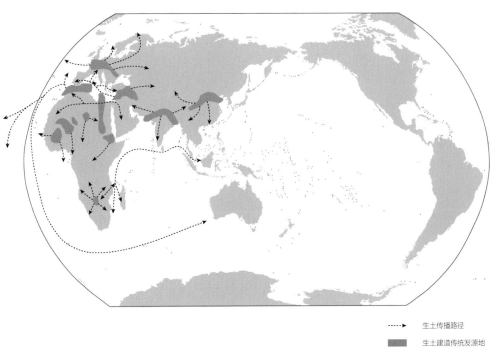

- - - ▶ 生土传播路径

生土建造传统发源地

1.1-5 世界范围内传统生土建筑分布
1.1-6 生土建造传统的发源与传播

1.1-8　　古埃及拉美西斯神庙储藏室
1.1-9　　西班牙比亚尔城堡

1.1-10　也门希巴姆古城
1.1-11　于1830年采用夯土墙与木梁柱混合承重体系建造的6层住宅
　　　　楼：Rath House，德国威尔堡

1.2 传统生土材料的应用类型
Application Types of Traditional Earthen Materials

根据生土材料的应用机理，世界上任何被称为"土"的土，其中必然含有起黏结作用的黏粒成分，理论上均可用作生土材料。生土可以说是可塑性最强、应用范围最广的传统材料之一。因各地区气候、资源、习俗等因素的差异，传统生土材料具有多种不同的应用形式。根据国际生土建筑中心（CRATerre-ENSAG）的研究统计[7]164–165，全世界对于生土材料的应用可被归纳为

整体筑造、土砖砌筑、辅助材料三大类型，以及夯土、土墼、土坯、草泥垛墙、覆土、木骨泥墙等十八种材料加工形式，可满足墙体、屋面、地面等多个建筑部位的施工需要。（图 1.2-1）

在我国传统民居中，传统生土材料的应用可以被概括为夯土、土墼、土坯、草泥抹面、木 / 竹骨泥墙、覆土等六种常见类型：

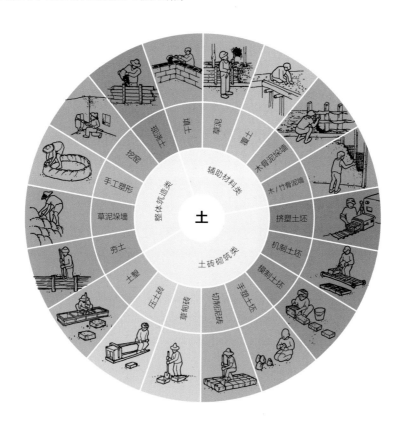

1.2-1

1.2-1　生土材料工艺分类

夯土 Rammed Earth

　　夯土是在我国应用最为广泛的传统生土建造工艺之一，具体是指利用夯锤等工具，在模板的约束下将潮湿的土料冲击压缩密实，逐层夯筑成墙体的建造过程。中国传统的夯筑工艺，按模板的选材和固定方式的不同，可分为椽筑法与版筑法两种夯筑类型。版筑法在我国大多数地区较为常见，即采用厚实木板组装形成模具，逐层夯筑直接成墙。在房屋形制相对简单且规模较大、人工成本相对较低的青藏高原地区，多采用长木板在两侧立杆的夹固下，分层连续支模的版筑模式；而在地形地貌条件相对复杂多样、房屋建造需要较高灵活度的长江以南大部分地区，多采用短模板分段夯筑的模式。椽筑法，古称桢榦法，常见于木材资源相对匮乏的西北地区，即将若干木椽放在与墙截面相同的端板（或木椽簇）两侧，用草绳对拉捆扎紧固后填土夯筑，并逐层上移分段形成墙体。墙体夯筑完成后木椽直接用于屋面的建造，可有效地节约木材用量。（图 1.2-2～图 1.2-4）

1.2-2　连续版筑，四川甘孜
1.2-3　短板夯筑，四川会理
1.2-4　椽筑，甘肃庆阳（部分地区水平木椽已被刚度更大的钢管代替）

土墼 Compressed Earth Brick

　　土墼也叫作"干打坯""杵打坯"，多应用于北方少雨干旱地区。其与夯土的原理相同，但采用小型木框作模具，将潮湿土料夯击成砖形，干燥数周后即可作为土砖砌筑墙体。在古代，利用这一工艺制作的土砖，专称"土墼"[3]101，如今在西北地区方言中仍延续此称谓。而下文所述的利用草泥模制的土砖，在古时被称为"土坯"。与二者在英文中存在各自的专有名词表述一样，在我国历史上，土墼与土坯也分别有明确的指代界定。只是随着近代人口跨地域的迁徙与多民族融合，加之人们对传统营建工艺的接触机会减少，土墼的名称逐渐被遗忘，其概念常与土坯混淆，以至如今所有的土砖经常都被统称为"土坯"。

（图 1.2-5～图 1.2-7）

1.2-5

1.2-6

1.2-7

1.2-5　土墼制作，甘肃庆阳
1.2-6　土墼晾晒，甘肃庆阳
1.2-7　土墼砌筑，甘肃庆阳

土坯 Adobe

　　土坯在古代特指泥制土砖，也称"水脱坯"，与土墼相对应，是尤其在我国南方地区被广泛应用的土砖加工工艺。最常见的做法是，将土料加水和成泥，挤压至木制模具中，去模成砖形，再经过数周的干燥后，用于墙体砌筑。一些地区在泥坯中加入起纤维拉结作用的秸秆段，以增强土坯的强度。在湖南、广西等一些盛产水稻的地区，人们会在水稻收割后、田泥干硬前，将其连同水稻根系一起切割成砌块大小取出，干燥后成为自然混入秸秆的土坯砖，此类加工工艺也可归为土坯一类。（图1.2-8～图1.2-10）

1.2-8　　土坯制作
1.2-9　　土坯晾晒，云南大理
1.2-10　　土坯砌筑，西藏拉萨

草泥 Straw Mud

草泥属《营造法式》中的泥作，是应用最为广泛的传统生土工艺之一，也是史前人类最早掌握的房屋修造工艺之一。通常，草泥需要偏黏性的土料，加水混合成泥状，起黏结作用，混入其中的秸秆作为植物纤维起抗拉防裂作用，二者结合形成互补，广泛用于砌块黏结、墙体抹面、木／竹骨泥墙等泥作工艺。根据各地区秸秆资源和草泥用途的不同，混合在其中的秸秆类型也不尽相同。例如，在西北地区，砌块黏结或墙体基层抹面需要 10cm 左右的长段麦草，而在墙面最外层抹面时，则混入麦草碎末或麦麸，使得完工后的草泥墙面光洁平整；在南方水稻作业地区，所用秸秆多为稻草。值得一提的是，泥作工艺于唐代时从我国传入日本，一直传承至今，在匠人精神的精琢锤炼下，如今日本生土抹面表现技艺已享誉国际生土建筑界。（图 1.2-11；图 1.2-12）

木/竹骨泥墙 Wattle & Daub

木／竹骨泥墙是我国史前人类从穴居到半穴居，再到地上建筑的过渡阶段所掌握的核心建造工艺之一。直至初唐，木／竹骨泥墙在民宅、宫殿、官署等绝大多数建筑类型中，一直扮演着承重墙和室内隔墙的角色。随着版筑、土坯砌筑技术和木构技术的发展，在北方地区，木／竹骨泥墙作为外墙的角色逐渐被热工性能更好的夯土、土坯等重型墙体取代，而因占地相对小的优点，其多用于室内隔墙的修筑。而在气候相对湿润、温暖的南方，以木材或竹材为骨的泥墙协同木构架系统，一直被广泛应用并传承至今。而今，木／竹骨泥墙的常见做法，是基于隔墙木框架或连续的原竹或木柱，以木条、竹条或藤条编织成网，以此为骨架用草泥将空隙挤压填满，其表面再用草泥抹平。作为一种轻质隔墙，木／竹骨起到骨架支撑作用，草泥的黏结作用进一步增强了结构的稳定性，同时能有效地提升其内部木或竹骨的防腐和防蛀能力，使整个结构更为耐久。（图 1.2-13；图 1.2-14）

1.2-11　草泥拌和，甘肃庆阳
1.2-12　草泥抹面，甘肃庆阳
1.2-13　竹骨泥墙
1.2-14　木骨泥墙

覆土 Sheltered Earth

　　覆土属于现代建筑技术词汇，是指在房屋顶部覆盖一定厚度的原状土，以实现良好的屋面保温与隔热效果。此种工艺可与中国传统窑洞民居相对应。根据考古发现 [1]，黄河中游地区的史前先民早在仰韶文化时期便已学会凿穴而居。窑洞类的覆土建筑工艺，通常表现为挖窑和锢窑两种形式。前者是指利用黄土的直立边坡稳定的特性，在山坡或沟坎挖掘拱形横洞作为居住空间，或就地下挖形成方形地坑院，然后再于坑院侧壁挖掘横洞形成室内空间；后者多兴建于地面之上，采用土坯或砖石砌筑成拱券，并在其上覆土形成房屋。传统窑洞民居众所周知的"冬暖夏凉"的优点，正是得益于覆土层具有良好的蓄热性能，可以有效地保持室内温度。（图 1.2-15～图 1.2-18）

1.2-15　窑洞挖掘
1.2-16　地坑窑窑面处理
1.2-17　锢窑，甘肃会宁
1.2-18　靠山窑，甘肃庆阳

1.3 中国传统生土民居
Traditional Earthen Dwellings in China

　　传统生土营建技术在我国的应用分布十分广泛。2010—2011 年，住房和城乡建设部在全国农村开展了中华人民共和国成立后最大规模的农房现状抽样调查。调查结果显示 [9]，与生土建造传统仅集中于西部地区的通常认识不同，传统生土建造技术在农村房屋建设中的应用遍及各个省份。尤其在中西部 12 个省份，以生土作为房屋主体结构材料的既有农房的比例平均超过 20%，在甘肃、云南、西藏的部分地区，该比例甚至超过 60%。据保守估计，目前全国范围内仍有至少 6000 万人口居住在多种形式的生土民居之中，且多集中分布于黄土高原、西南、华东、青藏高原、新疆等地相对贫困的农村地区。（图 1.3-1）

　　由于各地区不同的自然条件和社会文化，生土民居呈现出因地制宜、因人而异的演化发展过程，如今我们很难运用类型学的方法，对各地区存在的传统生土民居进行系统、清晰的分类和界定。在此，本书选取各地区具有代表性、已获得较多共识的传统生土民居类型作简要介绍，希望以此为开端，为大家呈现一幅以"生土"绘就的画卷。

新疆地区

青藏高原地区

西藏自治区、川西、滇西北、青西南、新南、甘南

1.3-1　中国传统生土民居分布现状（注：以地级市或自治州为单位进行统计，如仍有尚在使用的生土民居，该地区即被视为具有生土营建的传统；部分空白区域意指相关信息暂时不足）

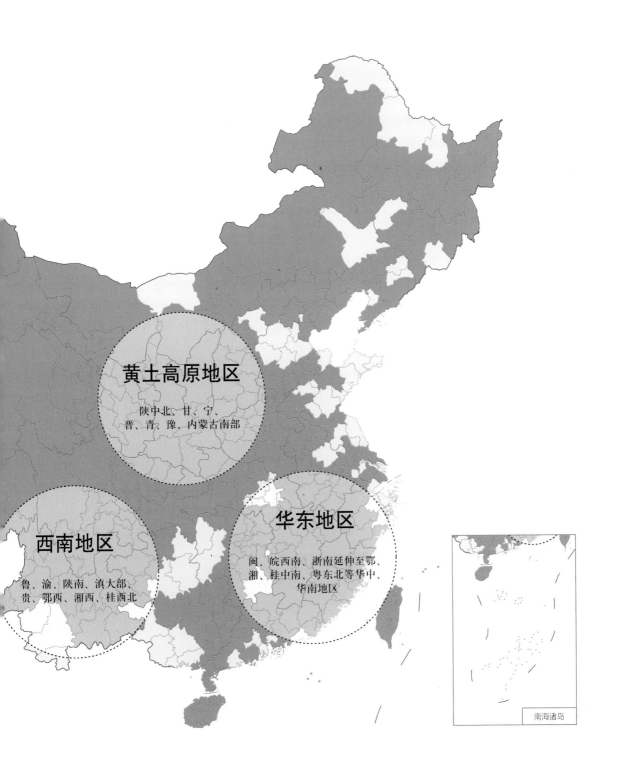

黄土高原地区

陕中北、甘、宁、
晋、青、豫、内蒙古南部

华东地区

闽、皖西南、浙南延伸至鄂、
湘、桂中南、粤东北等华中、
华南地区

西南地区

鲁、渝、陕南、滇大部、
贵、鄂西、湘西、桂西北

南海诸岛

华东地区传统生土民居
Traditional Earthen Dwellings in Eastern China

华东地区南北纵跨亚热带湿润性季风气候区和温带季风气候区，夏季多雨湿热，冬季湿冷。该地区是我国黄壤、红壤、赤红壤土质集中分布的区域，土壤黏粒含量较高，可塑性强，加之突出的蓄热与吸湿性能，生土自然成为当地传统民居广泛利用的材料资源，应用最普遍的工艺类型则是夯土。在各地多元交融的社会、文化、习俗等因素的作用下，华东地区传统生土民居呈现出丰富多样的建筑形态，不仅有量大面广的合院式民居，也有土楼、堡寨这种独具特色的大型生土民居形式。

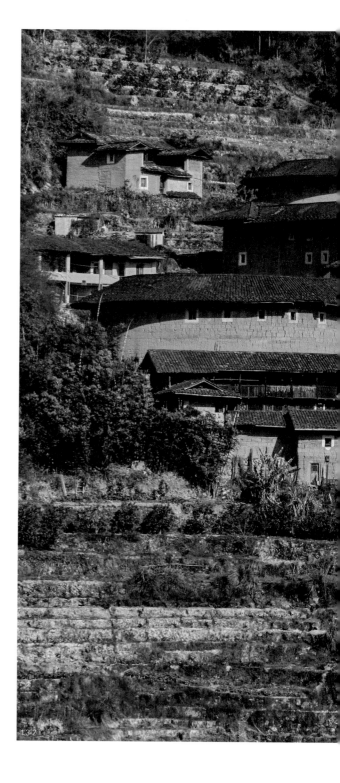

1.3-2　　田螺坑村土楼群，福建漳州南靖县书洋镇

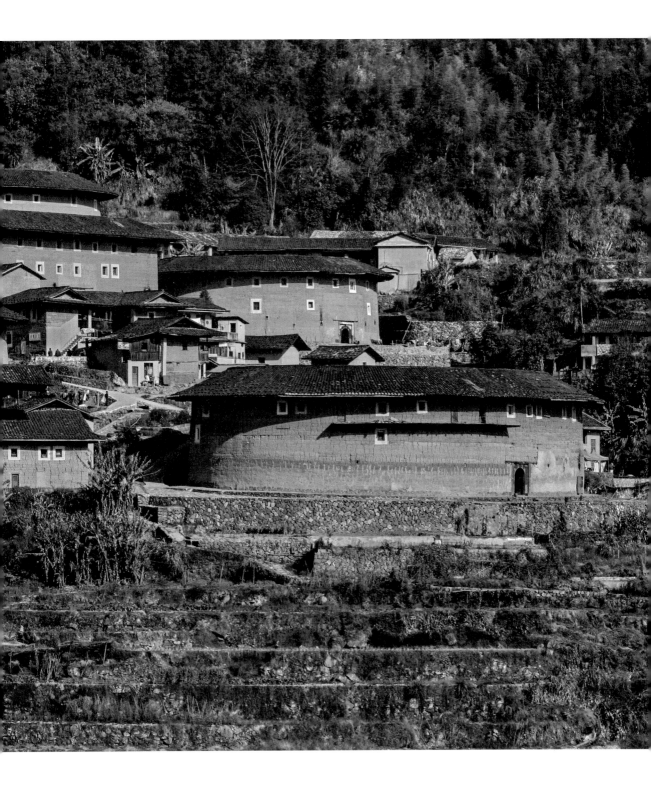

福建土楼是我国传统生土民居中最具国际知名度的类型之一，2008 年被正式列入《世界遗产名录》。福建土楼具体是指"主要分布在闽西、闽南和粤东北地区，具有突出的防卫性能、采用夯土墙和木梁柱共同承重、居住空间沿外围线性布置、适应大家族平等聚居的巨型楼房住宅"[10]24-25。根据黄汉民先生的梳理，福建土楼目前已被考证的历史可追溯到 16 世纪中叶。其发展历程与沿海倭寇、族群间的矛盾冲突、地方经济发展，以及 1949 年之后人民公社的建立密切相关，先后经历了清末和 20 世纪 50—60 年代两个建设高峰，其建设直至 80 年代才告一段落。目前已被严格确认的福建土楼建筑有 3000 余座，在福建龙岩、漳州和广东潮州等地区分布最为密集。

福建土楼具有很强的内向性、向心性与对称性，就建筑形态和空间布局而言，可分为圆楼、方楼和变异形式土楼三种类型，以最大限度地利用环境，满足聚族而居、对外防御的基本需要。土楼可谓世界上单栋规模最大、可居住人口密度最大的传统民居。一座土楼通常拥有数百个房间，可满足数百人的大家族居住生活的需要。例如，龙岩市永定区的承启楼直径 62.6 米，共四层，总高 12.4 米，全楼 300 多个房间，最盛时有 600 多人居住于此。土楼民居一般为 3~5 层，居住空间沿外围线性布置，由内向通廊连通全楼。楼内设公共楼梯联系上下，通常一层为厨房，二层用作谷仓，三层以上为大小均等的卧房，各户家庭以竖向开间作为划分参照，住房不论辈分一律均等，环绕中心祖堂或书斋，反映了客家人敬祖重教、团结和睦的族群观念。土楼外墙通常三层以上开设窗洞，多为内大外小的斗形，兼有对外防御用途。土楼采用两坡屋面，通常外侧出檐较大，以保护夯土外墙免受雨水冲刷。

土楼采用外部厚重的夯土墙与内部的木构架混合承重，除闽南土楼内隔墙也为夯土墙以外，其他地区土楼内隔墙多为土坯砌筑，通常不参与结构承重。外围护夯土墙底部多厚达 1m 以上，随着楼层升高墙厚逐层减小，顶层墙厚约 0.4m，墙外壁从下至上连续斜收且收分较少，内壁按楼层呈阶梯形收分，每一楼层收 10~17cm，收分退台处可承接楼面荷载。土楼的修建一般要经过选址定位、开地基、打石角、行墙、献架、出水、内外装修七道工序。夯土墙采用分段版筑法夯筑而成，模板高约 40cm，长 1.6~2m，用 5~7cm 厚的杉木板制成。土料一般选取具有一定含沙量、干缩率较小的黏性土。在沿海地区，有时会在土料中加入糯米浆或贝灰，以提升夯土墙强度。墙体多内置竹筋或松木枝加固，墙基多采用卵石砌筑，墙身外部裸露，仅在门窗洞口等防水薄弱环节做粉刷保护。（图 1.3-2 ~ 图 1.3-8）

1.3-3   河坑村土楼群，福建漳州南靖县书洋镇
1.3-4   建于 1419 年的集庆楼，福建龙岩市永定区下洋镇初溪村

1.3-5　　建于 1736 年的庆云楼，福建宁德柘荣县楮坪乡洪坑村
1.3-6　　承启楼内院，福建龙岩永定区高头乡高北村

1.3-7　　奎聚楼内景，福建龙岩永定区湖坑镇洪坑村

1.3-8　　土楼夯筑

福建土堡主要分布在福建中部山区，是一种独特的防御性建筑，外部为高大土石堡墙，内部为院落式民居，可供人居住，也可封闭御敌。根据戴志坚先生的研究 [11]，闽中土堡与闽西土楼都具有防御性，但在功能布局、结构体系等方面存在一定的差异。土堡的始出年代可追溯至隋末唐初，远早于土楼，可以说先有闽中土堡，后有闽西土楼。在功能布局方面，土楼以居住为主，生活起居位于外圈环楼，集防御、住宅于一体；而土堡以防御为主，外圈只是起防御作用的跑马道，一般只作防卫，很少住人，主要生活空间在内部合院式民居建筑内，因而整体防御性能比土楼更强、更完善。在结构体系方面，土楼的外围夯土墙起承重作用，与内部环楼穿斗木构架共同形成了混合承重的结构体系；而土堡的外围夯土墙类似厚重的城墙，只起围护作用，与内部建筑结构脱开，不作为建筑的承重结构，可形成"墙倒屋不塌"的效果。土堡与土楼的外围都采用厚重的夯土墙，土楼的夯土墙平均厚 1.5~3m，勒脚多用鹅卵石砌筑，而土堡的夯土墙体厚达 2~6m，具有更强的防御性。现存 500 多座福建土堡中，保存较好的有 150 多座，其中格局保存完整的只有 40 多座 [12]8。

土堡多依山而建，呈现出多台基、高落差、错落有致的建筑风貌。建筑整体是由四周极其厚实的土石墙体环绕着院落式民居组合而成，平面多为矩形和前方后圆形，也有少数土堡为圆形、不规则形。堡墙一般为两层，由下部基座与上部木构两部分构成，基座的高度约占总墙高的一半以上，厚度在 2~6m。基座下部为石砌，上部为夯土墙。二层为木结构，杉木地梁架在下部基座上，木柱落在地梁上，形成一圈跑马廊。廊外侧

还有一道夯土墙，墙上设有瞭望孔与射击孔。屋面为双坡瓦屋面，两侧出檐在 1m 左右，保护土墙不受雨水冲刷。多数建于平地的堡墙由于视线受限，会在入口两侧的角部设有高出堡墙一层的角楼，墙面有大量射击孔，以保护入口，消除防卫死角。

根据戴志坚先生的分析归纳，土堡在基址的选择上，侧重选择有利于防御的地点：或耸立山顶，依山而建，据险御敌，凭借山体之势使匪寇攻击困难；或建于开阔的田园之中，方便村民在匪寇来犯时及时躲进土堡；或贴溪河岸边而建，以水作为天然壕堑；若无法利用地形，便在土堡周围设壕沟，利用深沟、吊桥使匪寇无法轻易靠近堡墙。

堡内的民居建筑是主要生活空间，多为 2~3 层。大部分土堡内部为合院式布局，中轴线上为二进或三进堂屋，正厅中心内设太师壁及神龛，供奉祖先牌位，厅堂两侧为厢房和护厝，具有中轴对称、主次分明的布局特点。堡内水井、粮仓等生活设施一应俱全。前方后圆形土堡的后部有近似半圆的围屋，含有围龙屋等元素。

生土、石头和木材是修建土堡的主要用材，在闽中山区就地可取。墙体夯筑环节十分重视土料级配，通常夯筑土料中生红土占 70%，灰熟土 20%，并掺和 10% 左右的石英、瓦砾、碎瓷片或砂作为骨料。夯土墙基座的厚度除了要满足其上方跑马廊建造要求外，也与其高度有关，一般高不超过 3.6m，从下至上有明显收分。上部跑马廊外侧的薄夯土墙，一般起围护作用，厚度在 40~80cm 不等，依据基座的厚度与承载力而定，高度比下部基座低，一般不超过 3m，内部设有竹片、木条等水平拉结筋。（图 1.3-9 ~ 图 1.3-15）[13]31-36

1.3-9

1.3-10

1.3-9　　双元堡，福建三明沙县凤岗街道水美村
1.3-10　拥有400多年历史的潭城堡，福建三明大田县广平镇栋仁村

1.3-11　建于明末的广平祠琵琶堡，福建三明大田县建设镇建国村
1.3-12　中埔寨，福建福州永泰县长庆镇中埔村
1.3-13　茂荆堡，福建三明尤溪县台溪乡盖竹村

1.3-14

1.3-15

1.3-14　安良堡，福建三明大田县桃源镇东坂畲族村
1.3-15　安良堡内土墙

传统生土民宅

传统生土民宅此处指区别于土楼、土堡等大型民居的中小型传统生土民居，在华东、华南及华中地区分布十分广泛，并呈现出丰富多样的建筑形态。典型代表包括浙南夯土合院，皖西南大屋、闽东院落式大厝、三合院、四合院，莆仙地区的四目房、五间张，三明、永安、沙县等地区的闽中大厝，宁化、清流、明溪等客家人聚集地的闽中横堂屋，以及桂东地区的壮族合院等。

以夯土、土坯为代表的生土材料，曾是浙江、江苏、江西、安徽等华东核心地区广泛应用的传统建材。随着明清以来砖砌技术的发展和应用，尤其在富庶人家的宅院修建中，生土逐步被砖石材料所取代。在浙江南部、安徽西部等相对贫困的农村地区，如今仍可见到大量集中分布的传统生土民居，浙江丽水传统夯土合院和安徽安庆皖西南大屋是其中的典型代表。前者多以夯土作为墙体主材，后者常采用土坯砌筑墙体。房屋在格局上多采用封闭式的单进或多进院落形式，以天井和厅堂为中心，多为两层，呈对称式布局，面阔三间、五间、七间不等。房屋主体多采用抬梁、穿斗或抬梁穿斗混合结构承重，土坯墙或版筑夯土墙通常仅起围护作用。

潮汕传统民居"下山虎"和"四点金"是华东地区传统生土民居中的典型代表。下山虎为三合院形式，占地规整而平面紧凑，规模小巧而功能齐备，是当地城乡常见的小型家庭住居模式。其以天井为中心，正屋三开间，正中开间设厅堂，两旁为卧房。天井两侧设厢房，一般作为厨房和储物室。四点金的民居形制在过去多被富裕家庭采用，也用于小型祠堂家庙的修建，属于四合院式，中轴线上设置前厅—天井—后厅。前后两进建筑均为三开间。前座的明间为凹肚门楼，进门是门厅，两侧为下房，多供晚辈或仆人居住；后座的明间为正厅，两侧的大房是家中长辈的居室；天井两侧的厢房，多用作厨房和柴草储物房。

潮汕传统生土民居多采用硬山搁檩的结构形式，即屋面檩条直接搭在两侧承重山墙之上，没有复杂的梁架系统。夯土版筑是当地常用的墙体建造技术，土料中多加入贝灰（当地又称壳灰）以增强土墙的耐水性和强度。潮汕位于沿海地区，盛产贝类，而贝壳的主要成分是碳酸钙。贝壳碾碎后经过煅烧成为富含氧化钙的贝灰。贝灰加水发酵反应后，便形成了与熟石灰（氢氧化钙）具有类似功效的熟贝灰。潮汕传统生土民居墙体通常采用生土、贝灰、砂混合成的三合土料版筑而成，也有用三合土制成的土坯垒砌而成的案例[14]49-51。贝灰三合土与内陆地区采用熟石灰混合成的三合土具有同样的功效，可以大幅提升生土墙体的力学强度和耐水性能。清乾隆年间周硕勋编纂的《潮州府志》中有相关记载："民居辄用蜃灰和沙土筑墙，地亦云之。坚如金石，即遇飓风摧之，烈火焚余，而墙垣卓立无崩塌者。"这一记载肯定了该地区筑墙自古取材于贝灰和砂土的传统及其良好的性能。(图 1.3-16～图 1.3-26)

1.3-16

1.3-17

1.3-16　江西赣州石城县大畲村南庐大屋
1.3-17　浙江龙泉屏南镇车盘坑村夯土民居聚落

1.3-18　浙江丽水松阳县界首村传统生土民居（1~2）

1.3-19　安徽安庆潜山市传统大屋民居（1~3）

1.3-20　福建宁德蕉城区虎贝镇文峰村生土民居

1.3-23　客家夯土碉楼，广东东莞凤岗镇

1.3-21   潮汕传统生土民居"下山虎",广东深圳观澜镇大水田村
1.3-22   潮汕传统生土民居"四点金"

1.3-24 闽东生土民居"穿瓦衫"墙，福建福州永泰县嵩口镇中山村
1.3-26 土坯墙肌理（1~3）

1.3-25　夯土肌理（1~9）

黄土高原地区传统生土民居
Traditional Earthen Dwellings in Loess Plateau

黄土，作为专有名词，特指第四纪时期（始于约258万年前）形成的一种浅黄色或棕黄色的特殊的土状堆积物，主要是由风力搬运堆积而成，约占全球陆地面积的1/10，主要集中于干燥寒冷的中纬度地带。在我国，除了在东北和新疆有少量分布以外，黄土主要集中分布于黄河中游的北方地区，该地区即为著名的黄土高原。

黄土高原西起日月山—贺兰山，东至太行山，南靠秦岭，北抵阴山，地跨陕西、甘肃、山西、河南、内蒙古、青海、宁夏7个省及自治区，总面积超过600 000km²，是世界上黄土堆积最连续、最集中、最深厚的地区。黄土高原地势西北高东南低，海拔普遍在1000m以上，黄土沉积厚度一般在80~120m，最大厚度超过400m。黄土高原是中华文明形成、发展、成熟的重要舞台，滋养华夏民族数千年。从西侯度人、蓝田人、大荔人、许家窑人、丁村人等旧石器时代遗存，到大地湾、齐家、仰韶、半坡、庙底沟、姜寨等新石器时代遗址，再到石峁、陶寺等"准文明遗址"——不同时期的文化、文明，几乎连续相继地出现在黄土高原；文明大幕拉开之后，周、秦、汉、唐更是将文明大戏推向高潮[15]187。

黄土高原水土流失严重，林木资源十分匮乏，遍地可取的黄土，自然成为性价比最高且最为充裕的材料资源。生土材料应用的传统与华夏文明一同孕育、发展、成熟，并随着人口迁徙逐步走出黄土高原。可以说，黄土高原不仅是华夏

1.3-27

文明的摇篮，也是我国生土营建传统的核心发源地。时至今日，黄土高原仍是我国目前传统生土建筑应用分布最为集中的地区之一。黄土高原地处温带季风气候区的边缘，冬季较长且寒冷干燥，昼夜温差较大，夏季相对凉爽；降水量少，全年多在200~600mm之间，且主要集中于夏季，单次降水强度大，时常一次暴雨量就超过全年雨量的30%。黄土的质地构成，以粉粒和砂粒为主（平均含量≥60%)，黏粒含量仅为10%~25%，远

1.3-27　黄土高原地貌景观

低于南方大部分地区，加之贫瘠的自然植被条件和集中高强度的降水，是造成黄土高原水土流失的主要原因。随着宋代以后全国经济、文化与政治中心向东、南迁移，生态环境日益恶化、资源相对匮乏的黄土高原地区日渐衰落，至近代，已成为全国发展相对落后的地区之一。

在此特定的气候、地貌、资源，以及相对落后的经济条件下，生土作为黄土高原地区似乎唯一丰富的自然资源，在房屋营建中得到了充分的利用，逐渐演化形成了独具特色的黄土高原传统生土民居。其与徽居、土楼等南方民居相比，外观略显朴素，但平淡之中，却蕴含着人们在极其严峻的自然环境、资源和经济条件下，历经千百年的不断探索，逐渐凝练形成的营建智慧。从形制与技术构成的角度，黄土高原地区传统生土民居，可概括为特色鲜明的传统窑洞、量大面广的生土合院，以及相对鲜见的生土堡寨等类型。

（图 1.3-27）

窑洞民居

窑洞是我国黄土高原地区最具代表性的传统生土民居，其国际知名度不亚于福建土楼。窑洞民居主要分布在甘肃、山西、陕西、河南和宁夏等五省区，河北省中西部和内蒙古中部也有少量分布。根据侯继尧与王军先生在 20 世纪 80—90 年代开展的系统调查研究 [17]17，窑洞民居的分布相对集中于陇东、陕中北、晋南中、豫西、冀西南、宁夏中东部 6 个片区，且各具特色。随着过去 20 多年间乡村建设的快速发展，大量传统窑洞民居被废弃，但在豫西陕县和陕甘宁交界地区，依旧可以看到集中连片的传统窑洞聚落。

从建筑布局、形式和结构的角度，传统窑洞民居可被归纳为三种类型：靠崖式、下沉式、独立式。如前文所述，黄土高原地区地貌形态复杂多样，传统窑洞民居在形制上的差异和多变，恰恰展现出充分利用自然条件的地方传统营建智慧。

靠崖式窑洞

也称靠山窑，多出现于山坡、台塬沟壑边缘、冲沟两岸等不适宜耕作的地带，在天然的黄土崖壁或土坡上，采用"减法"营建的方式，开挖形成拱券形截面的横洞作为居住空间。因其需要依山靠崖进行挖掘，窑洞的分布须随着等高线展开，多孔窑洞的组合也常呈曲线或折线形排列。窑洞挖掘顺应山势，挖出的土方通常直接填埋在洞口前的坡地上，不仅节约了土方搬运成本，也便于构筑窑前院落和道路。在一些日照充足且坡度较缓的山崖或山坡，台阶式多层窑洞也较为常见，即采用层层退台的方式布置几层窑洞，底层窑洞的窑顶就是上一层窑洞的前院，具有极高的土地和空间利用效率。在农业生产效率

相对低下的传统社会，靠崖式窑洞展现出当地人将黄土地貌条件作为一种资源充分加以利用，并以此节约耕地与建材的传统营建智慧。更重要的是，靠崖式窑洞的室内空间，除洞口以外的五个方向均被厚实的土体包裹，即使厚度最小的窑顶方向，也有至少 3m 厚的覆土层。厚实的土体围护，同时起到绝热和蓄热的作用，可以有效地平衡室内温度波动、减小室内外热交换，具有理想的建筑热工性能。

根据王军先生的调查研究 [18]70，受土质因素影响，黄土层具有较好的直立稳定性和较高的抗剪强度，例如在黄土沟壑区，10~20m 高的陡坡可保持长期稳定，有利于窑洞开挖并可保证崖壁的安全。因此，从耐久安全的角度看，靠山窑面一般不需要衬砌支护。窑洞的跨度大多为 3~4m，高度一般为跨度的 0.71~1.15 倍，窑顶覆土层厚度多为 3~5m，根据功能需求和崖体条件的不同，窑洞深度差异较大，多在 4~12m 之间。每户人家通常是几孔窑洞毗连设置，为确保土体的承载能力和稳定性，窑洞间的宽度一般近似洞室的宽度，并且窑洞顶部为半圆或尖圆的拱形，这也直接反映在窑洞特有的立面造型上。在黏粉粒含量较高的地带，黄土的黏粘力较大，土体的承载力较高，靠崖窑顶多为半圆形拱券，即单心圆弧，在同等跨度的条件下可获得更开阔的室内空间效果；而在土质颗粒较粗、黏粘力相对较低的地带，窑顶多为承载能力更强的三心圆弧，甚至为尖顶的双心圆弧。洞口门窗是窑洞室内自然采光的唯一途径，为获得更多的进光量，大多数窑洞门窗与拱顶形状吻合，在纬度较高的陕北，冬季阳光甚至可以照到窑内 8m 深处。

1.3-28　陕北靠崖式窑洞与黄土高原地貌
1.3-29　窑洞聚落，山西临汾汾西县僧念镇师家沟村

1.3-30

下沉式窑洞

也称地下窑洞或地坑院。在平缓的丘陵、黄土台塬之上的干旱地带，无法依托崖坡、沟壑挖造靠崖窑的情况下，人们巧妙地利用脚下黄土沉积层易于挖凿、黄土直立边坡稳定的特性，就地下挖一个深度至少 5m 的方形地坑，形成闭合的下沉四合院，再于坑内人工挖成的崖面挖横穴形成窑洞空间。下沉式窑洞的天井院有 9m×9m 和 9m×6m 两种最常见的尺寸，分别可获得 8 孔和 6 孔窑洞，其中 1 孔窑洞打穿后作为通道，经坡道通往地面，入口与坡道的位置和形态因地形而异。下沉式窑洞须选择相对干旱且地下水位较低的地方，通过地下渗井解决排污问题，或设置收集沉淀雨水的水窖，在解决下雨排水问题的同时，满足人畜饮水的需要。为确保结构安全和排水便利，下沉式窑洞的顶部不做种植，结合排水的需要，地面通常被碾平压光，兼用作打谷和晾晒空间。以下沉式窑洞为主的村落，受地形限制较小，院落间保持必要的安全距离即可，且多以环绕种树作为每户地上领地的界定方式。因此，

进入村落时，初看地面鲜有房屋，家家户户隐于地下，只有鸟瞰才能看到各个院落在树木的环绕下，宛若一个个细胞自由分布于村落中，构成了黄土高原最具特色的地下村庄风貌。值得注意的是，下沉式窑洞院落的占地通常比较大，以 9m 见方的下沉式窑洞为例，窑洞进深按 8m 计算，其占地面积一般在 630~780 ㎡，远大于当地一般地上民居，这也是下沉式窑洞的一大劣势。

独立式窑洞

又称锢窑，是在平地上用土坯或砖石砌拱，然后在其上覆土建成的窑洞民居。相对于前两种窑洞类型——靠崖窑需要高度适宜的黄土崖壁，下沉式窑洞需要平缓且易于挖凿的黄土地层，独立式窑洞受地貌条件的制约较少，既节约木料砖材，又兼具前二者"冬暖夏凉"的热工性能优点，并且窑洞前后两端可同时开设门窗或洞口，获得比靠崖窑和下沉式窑洞更好的通风和采光条件。独立式窑洞的布局也灵活多变，可与其他类型房屋组合，构成三合院、四合院等院落形式。

1.3-30　陕西榆林米脂县印斗镇刘家峁村窑洞聚落

1.3-31　姜氏庄园，陕西榆林米脂县印斗镇刘家峁村
1.3-32　豫西下沉式窑洞聚落

根据王军先生的研究[18]53-59，因材料与施工工艺的不同，独立式窑洞可分为土坯窑洞、砖石窑洞与下拱上房三大类。

土坯窑洞多以夯土作为窑腿，在其上用土坯砖砌筑窑顶拱券，券体四周砌筑土墙，墙内分层填土夯实形成覆土层。窑顶覆土和两侧窑腿的厚度通常达到1~1.5m厚，作为围护结构，兼具蓄热体和绝热体的特性。拱券砌筑时，常以下部模具作支撑。在一些地区，经验丰富的工匠甚至可以仅靠拱形背墙作为起步依托和基准，从后向前层层砌土坯发券，而无需任何下部支撑，这与古埃及时期遗留下来的土坯拱券做法十分相似。在丘陵地带，当土崖高度不足以挖凿窑洞时，可作为独立式窑洞的拱券砌筑模具加以利用：将崖壁切削修整成两侧窑腿及其中间的拱券模胎，在其上用土坯砌筑拱券并完成覆土后，经干燥使结构达到所需强度，再将土拱模胎掏空形成室内空间。除掩土夯实做成平屋顶之外，独立式窑洞顶部还有双坡、四坡铺瓦的形式，从而获得更好的顶部防水效果，而从外部看与普通的生土房屋无异。在相对干旱且经济条件不发达的地区，也有很多独立式窑洞拱顶不做覆土，仅在土坯拱券上用草泥抹面做简易防护，或随拱顶铺一层小青瓦排水。

在采石较为便利或户主经济条件较好的情况下，毛石与烧结砖也常用于砌筑拱券，因其材料强度优于土坯，可进一步提升房屋整体结构的安全性和耐久性，此类窑居被称为砖石窑洞。

下拱上房是利用拱券受压的结构稳定特性，将砖石窑洞顶部覆土夯实做平，在其上建造房屋或建窑上窑，此类窑居在山西较为多见。（图1.3-28~图1.3-36）

1.3-33　山西靠崖式窑洞民居
1.3-34　河南陕县下沉式窑洞
1.3-35　山西独立式窑洞民居
1.3-36　甘肃会宁独立式窑洞

生土合院民居

千百年来，在黄土高原地区，生土作为唯一丰富的建材资源，深刻且广泛地融入人们的日常生活，形成黄土高原极具特色的以土为材的营建传统。这里的人们学会了如何用土来兴建房屋、棚圈，甚至能以土作为主材或辅助原料制作炉灶、床（土炕）、水窖、蜂窝、谷缸等大量日常生产生活用品及设施。除窑洞民居以外，到处可见生土墙系统与常规砖石建造系统相互替代或相互结合的现象。

与南方相比，黄土高原大部分地区的文化习俗与民族传统较为相近。就建筑形制而言，以四合院、三合院为代表的合院是该地区最常见的传统民居形式，也是生土营建工艺应用最广泛的载体类型。为便于表述，本节将黄土高原地区以生土作为房屋墙体材料的合院民居，统称为生土合院民居。

黄土高原地区气候冬夏差异明显，在微气候环境效应的作用下，合院的布局模式可有效兼顾冬季抵御寒冷季风侵袭和夏季遮阳通风降温的需要。院落空间的大小与形状也随着各地区气候条件的差异有所不同，在纬度较高、冬季太阳高度角较低的宁夏、陇东、陕北等地区，合院多为方形敞院，在抵御冬季寒冷季风的同时，使院落空间获得更多日照；而在纬度较低、夏季相对炎热的关中、晋中南地区，院落多呈南北长、东西短的窄院形态，以便在夏季保证院落通风的同时，获得更多遮阳庇荫的机会。大部分合院民居院内房屋多为单坡屋顶，坡向内院，由此形成的高耸背墙可以更好地抵御西北寒风与风沙，尤其在干旱地区，"四水归堂"式的屋面坡向，更有利于院中水窖收集相对清洁的雨水；屋面的坡度，与当地常年降水量成正比，陕西、河南等降水量相对充沛的地区，坡度相对较大，而河西走廊、青海东部等降水量较少的地区，坡度普遍较为平缓。

夯土与土墼是黄土高原地区生土合院广泛运用的生土材料形式。在绝大多数地区，二者不仅在一个地区同时存在，甚至常在一个院落中混合使用。因林木资源匮乏，夯土多利用直径较小的木椽为夯筑模具用材，俗称"椽筑"。夯锤一般为木柄横把，凿石为锤头，工匠将夯锤举高后主要利用锤头重力形成夯击冲力，其夯土密实度往往要高于南方地区常见的长柄木夯锤。夯筑完成后，木椽可直接作为坡屋面用椽，有效地节约了施工用材。夯筑通常顺墙方向分段进行，每段夯至既定标高后拆除椽条，接着夯筑下一段，各段之间形成通长施工缝。椽条拆除后，在椽与椽之间的弧形交角缝隙处，会自然形成水平连排的棱角凸起，尽管在该缝隙处难以将凸起部位夯实，但根据工匠经验，凸起的棱角在受雨水侵蚀逐渐剥落的过程中，反而可以作为挑出的缓冲体，有效保护夯土墙主体。随着岁月流逝，夯土墙面在钙化作用下逐渐趋于稳定，形成黄土高原地区夯土墙特有的水平肌理。

土墼，在黄土高原地区通常被称为"胡墼"或"干打垒"，有些地区也称其为"土坯"。其与夯土具有相同的成形原理，即在木质模具中填入潮湿土料，用夯锤一次性夯实，脱模成形后，在通风干燥的环境中自然阴干，半年后即可投入使用。土墼尺寸在各地区存在一定差异，长度多为35~40cm，宽20~25cm。因需一次性夯制成形，为确保夯击质量，土墼厚度往往比南方地区的土坯要小，多为6~12cm。因土墼厚度较薄，墙体砌筑多采用土墼立砌为主、平砌为辅的方式进行，使土墼抗压强度更大的宽度方向承接荷载。

1.3-37

土墼墙面多采用草泥抹面，兼作装饰与耐久性保护之用。与夯土相比，土墼尽管从制作到使用花费时日较多，砌筑形成的墙体整体性相对较弱，但其砌筑工艺的灵活性远高于夯土。因此，在黄土高原大部分地区，土墼与夯土取长补短、结合运用的现象十分普遍：在建造院墙和相对完整的房屋墙体下半部分时，多用夯土工艺；在开设门窗洞口的立面和山墙起坡标高以上等灵活度需求较高的墙体部位，多用土墼砌筑。在一些建造规格较高的建筑中，土墼也常与青砖混合使用，室内侧用土墼砌筑墙主体，室外侧用青砖包裹作为防水和装饰界面，俗称"银包金"，可兼具主体蓄热保温和表面耐水装饰的作用。青砖成本较高，因此，有时也仅在转角部位或屋架轴线等对强度和耐久性要求较高的部位，采用青砖砌筑，墙主体仍用土墼砌筑。（图1.3-37～图1.3-42）

1.3-37 甘肃会宁丁沟乡马岔村生土合院聚落

1.3-38　甘肃会宁生土合院民居（1~2）

1.3-39　甘肃会宁利用生土建造的生产生活设施：仓储设施、草泥蜂
　　　　窝、草泥土缸、牲畜棚圈（1~4）
1.3-40　河南焦作修武县黑岩村生土合院民居（1~2）

1.3-41　甘肃白银景泰县永泰古村
1.3-42　甘肃武威传统生土合院民居

青藏高原地区传统生土民居
Traditional Earthen Dwellings in Qinghai-Tibet Plateau

青藏高原南起喜马拉雅山脉南缘，北至昆仑山、阿尔金山和祁连山北缘，西部为帕米尔高原和喀喇昆仑山脉，东及东北部与秦岭山脉西段和黄土高原相接。在行政区划上，青藏高原地跨我国西藏自治区与青海省全境，以及云南省迪庆藏族自治州、怒江傈僳族自治州北部，四川省甘孜藏族自治州、阿坝藏族羌族自治州与木里藏族自治县，甘肃省甘南藏族自治州、天祝藏族自治县与肃南裕固自治县、肃北蒙古族自治县、阿克塞哈萨克族自治县，新疆维吾尔自治区南部部分地区[19]7。

青藏高原地区气候总体呈现太阳辐射强、日照时间长、冬季干冷漫长、夏季温凉多雨、昼夜温差大等特点。加之交通条件相对较差，常规建材资源匮乏，因此，具有良好的蓄热性能、可就地取材、经济实用的生土，自然成为该地区建造房屋广泛应用的传统材料，主要有夯土和土坯两种常见形式。以土坯为主体结构材料的传统民居，主要集中在拉萨、日喀则和山南的农区，以及青南、甘南部分地区。相对而言，版筑技术的应用更为广泛，遍布整个青藏高原地区。

青藏高原地区的传统民居普遍采用木梁柱密檩与墙体混合承重，在这一具有高度共性的结构体系之下其与相毗邻的云南、四川、甘肃等地在技术体系方面具有较高的共性特征。而因地域资源、地貌和气候条件的不同，生土民居在具体的布局、用材与建造工艺方面仍具有一定的地域特点。加之文化习俗的差异，也形成了当地特定的民居称谓，生土碉房、土墙板屋、庄廓、崩空式生土藏房是其中最具代表性的民居类型。（图1.3-43~图1.3-47）

1.3-43

1.3-43　香格里拉山谷中的传统藏族聚落

1.3-44　　　拉萨地区生土藏房民居（1~2）
1.3-46　　　1993 年的江孜县城传统藏房街区

1.3-45　甘肃甘南迭部县益哇乡扎尕那村生土藏房聚落
1.3-47　西藏日喀则地区生土藏房民居

生土碉房

碉房，也称邛笼，是青藏高原地区氐羌系中藏、羌、彝等民族最主要、历史最悠久的住屋形式之一，其在文献记载中的历史可追溯到东汉时期。石材砌筑是碉房墙体最早也是最常见的做法，而在山原、宽谷等石材资源匮乏的地区，碉房多采用夯土或土坯作为墙体材料，在此统称为生土碉房。

生土碉房在青藏高原地区分布十分广泛，目前主要集中分布于日喀则地区的亚东县、吉隆县、定结县，山南地区的扎囊县、琼结县，昌都地区的左贡县、芒康县，那曲地区的索县，阿里地区的普兰县、札达县、日土县，以及滇西北、川西与甘南部分地区。

生土碉房多建于生土资源较为丰富的山谷或河旁台地之上。以夯土作为墙体主材，是青藏高原地区较为多见的生土碉房形式，在云南迪庆、四川甘孜、西藏昌都等降水量较小的藏族聚居区分布较为集中，在四川阿坝羌族聚居区也有少量分布。在梁柱结构体系的影响下，碉房布局以柱网形式展开，进深与开间相近，柱距多为2~2.5m。碉房多以"柱"作为基本模数，"一柱"代表2开间×2进深的空间尺度，"两柱"为3×2，"三柱"为4×2，以此类推，由此形成碉房独具特色的方形柱网布局模式。在此模式下，L形、"凹"字形与"回"字形的平面布局最为常见，基本在一个相对正方的柱网格局内作局部变化。碉房多为2~3层，层高与开间进深相近。底层常作畜牧圈或储藏之用；二层为居住层，环绕以中柱为核心的堂屋（兼作厨房）展开；若有第三层，多作为经堂或晒台之用。在迪庆等一些干热河谷地区，碉房中心设置天井以促进通风的做法也较为常见。

1.3-48

1.3-48　　四川甘孜藏族自治州河谷中的生土碉房聚落

碉房墙体自下向上收分，因保温需要，以及生土墙洞口开设的技术所限，对外门窗洞口通常较小，房屋整体呈现为对外相对封闭、坚实稳固的立方体形态。房屋主体采用木梁柱承重、土墙围护的木框架结构。室内分层设柱，各层结构自成体系，上一层的柱子与下一层柱子对位，叠置在下一层地板之上。墙体基础和勒脚多以毛石砌筑，墙身就地取土夯筑而成，靠外一侧有明显收分，下部墙厚多在0.6~1m。夯筑采用连续版筑的方式分层进行，与西南地区的短板版筑相比，夯筑模具及其紧固系统需耗费大量的木材。连续版筑的模式同样需要耗费大量人力，户主通常会邀请亲朋邻里一同帮忙，男性村民负责在墙头夯筑，女性村民主要负责土料运输，这一传统保留至今。在西藏琼结地区，土坯也常作为碉房的墙体砌筑材料。青藏高原大部分地区年均降水量在500mm以下，因此施工相对简单的密檩平屋面是生土碉房最常见的屋面形式，即在密檩上铺以柴草并用泥土夯实抹平，可供谷物粮食脱粒、晾晒之用。而在藏东南、滇西北、川西等降水量相对充沛的地区，常见在密檩平屋顶之上架设坡屋面的方式，可有效保护房屋主体不被雨水侵蚀。

（图 1.3-48 ~ 图 1.3-56）

1.3-49　云南迪庆德钦县藏族生土碉房聚落

1.3-50　四川甘孜藏族自治州乡城县香巴拉镇色尔宫村生土碉房聚落

1.3-51　生土碉房，四川甘孜地区（1~2）

1.3-52　四川甘孜藏族自治州乡城县香巴拉镇色尔宫村生土碉房聚落

1.3-53　生土碉房室内：（1）厨房；（2）堂屋

1.3-54　　生土碉房土墙夯筑（1~3）

1.3-55

1.3-55　阿里雪山下"戴帽"改造后的生土碉房

1.3-56　　西藏山南地区扎囊县朗赛林乡朗赛林庄园

1.3-57　　生土碉房屋面施工

土墙板屋

土墙板屋，也称闪片房，主要分布于云南香格里拉高寒坝区降水量相对较大的高山草原，在德钦地区亦有少量分布。土墙板屋体量较大，通常为建筑面积400~600m²的两层土木结构建筑。屋顶采用坡度缓且出檐深远的双坡形式，屋面以当地生产的云杉木片为瓦，每条木片长1m多，宽30~40cm，逐片搭接并用石块压稳固定，既能防风，又便于每年翻新木片。"闪片房"的名称正是源于这一独具特色的木瓦双坡屋面形态。

根据杨大禹先生的研究[20]94-95，土墙板屋建筑平面近似方形，分三开间，上下两层，底层圈养牲畜，二层住人，并根据家庭大小及使用需要，分隔成大小不同的多个房间。二层堂屋是居住空间的组织核心，作为家庭的日常起居空间，通常也是供奉神像、举行相关仪式的主要空间。平缓的双坡屋面覆盖的三角形空间不仅可存放杂物，而且作为热缓冲空间可大幅提升屋面的保温性能。土墙板屋多采用木梁柱框架结构，三面厚重的夯土墙仅起围护作用，墙面仅开设少量小窗，有助于冬季室内的保温蓄热。房屋正立面设置宽敞的前廊，由4根高大粗壮的木柱和精巧的木梁架构成，有多层方形的藏式斗拱出挑，并绘有吉祥图案。与前廊紧密相接的上下楼梯常居中布置。山墙侧的屋面出檐较深，以外露于墙体表面的"栋持柱"支撑屋顶檩条。

土墙板屋坡屋面构架与其下部的梁柱结构为

1.3-58　1

1.3-58　土墙板屋，云南迪庆；(1~4)土墙板屋；(5)高山草原中的
　　　　 土墙板屋聚落

主的建筑主体结构各成一体，在结构上互不关联。二层屋面铺设 20cm 厚的覆土层，可有效提升下部起居空间的保温性能。土墙板屋坡屋面构造相对简单，按照主体支撑情况，大体可以分为脊柱支撑型、马扎支撑型和混合落地支撑型，灵活性较大，根据不同的材料情况和对屋面夹层空间的利用方式，会出现许多搭接和支撑方式，脊柱与下层梁柱的传接关系也不十分严格。土墙板屋在施工时，先夯墙，再立柱，并完成内部木框架结构。夯土外墙下部通常厚达 1m，自下而上收分明显，外墙面涂刷白色，以保护墙面，减缓雨水侵蚀。庞大的建筑体量、云杉木片坡屋面、以"栋持柱"修饰白色夯土墙，共同构成了土墙板屋特有的建筑语言。（图 1.3-57 ~ 图 1.3-59）

1.3-58 2

3

4

1.3-59　　土墙板屋土墙夯筑，云南迪庆建塘镇（1~3）

庄廓民居

庄廓民居主要分布于青海东部青藏高原与黄土高原交接处的河湟地区。该地区长期受藏传佛教、高原农牧文化、中亚伊斯兰绿洲农耕文化与蒙古族草原游牧文化的影响，藏族、汉族、回族、土族、撒拉族、东乡族等民族众多。与此同时，因毗邻黄土高原，黄土资源丰富，生土成为当地房屋营建的首选材料。在这一特定的气候、资源与多元文化的交叠作用下，庄廓民居成为藏地生土碉房建造体系与汉地四合院布局模式交相融合的产物。

庄廓一词为青海方言，庄者村庄，俗称庄子；廓即郭，字义为城墙外围之防护墙[18]243。庄

1.3-60

1.3-60　青海省循化县文都乡拉代村庄廓聚落

1.3-61

廊民居是由高大的土筑围墙与梁柱密檩混合承重建筑围合而成的四合院民居。河湟地区冬季寒冷漫长，夏季凉爽短暂，因此，庄廊民居的平面布局与黄土高原生土合院民居类似，院落通常坐北向南，南墙正中辟门，院内四面靠墙建房，中留庭院，庭院相对方正宽敞，有利于引入冬季日照。高大封闭的夯土围墙可有效抵御冬季寒风与风沙的侵袭，营造院内微气候环境。房屋靠院落外侧借助围墙围合，面向院落一侧多为轻质木门窗和隔断，主体由梁柱结构承重，与夯土外墙相对独立。房屋体量相对敦实低矮，加之生土围护结构优良的热惰性，有助于冬季保温和采暖。在干燥少雨的气候条件下，庄廊民居多为平屋顶，即便起坡，坡度也较为和缓。屋面处理与生土碉房类似，采用泥土夯实抹平，兼具晾晒谷物的功能。

庄廊是当地藏、回、撒拉等民族普遍采用的民居形式。由于生产、气候、资源等客观条件大体相同，这些民族的庄廊在形式和组成上也类似，只在部分建筑设施与装饰方面存在局部差异。（图1.3-60~图1.3-64）

1.3-61　青海循化县道韩乡张沙村庄廊聚落

1.3-62　青海同仁县土族庄廓聚落
1.3-63　藏族庄廓院落
1.3-64　土族庄廓院落

崩空式生土藏房

"崩空"一词源于藏语，意指木头架起来的房屋，是井干式箱形结构与其他结构类型碉房相结合的一种形式 [21]，主要分布于西藏昌都、青海玉树、云南迪庆、四川甘孜与阿坝等林木资源相对丰富的康巴藏区。在此，将其中以夯土或土坯作为底部围护或承重墙的民居称为崩空式生土藏房。

康巴藏区属地震多发地带，崩空式生土藏房可以说是当地的人们历经多次地震的试错探索逐渐形成的智慧结晶。其将井干式结构置入生土碉房，使房屋兼具井干式结构良好的抗震性能和生土围护墙体突出的热工性能。藏族居民通常将一个井干式结构构成的空间称为一个"崩空"，根据

"崩空"数量的多少与受力体系的特点，崩空式生土民居可大致划分为两种类型：其一，以夯土外墙作为下部承重结构，在二层局部置入 1~2 个"崩空"；其二，以木框架和多个"崩空"形成复合式承重结构体系，用土坯墙作为框架内的填充墙。在这种多元结构并存的形式中，"崩空"往往为起居、经堂、粮食储存等重要或高使用频率的功能而设置。在近年来发生的汶川、玉树等多次地震中发现，这种井干复合式结构的崩空式生土民居，即便在外墙倒塌、内框架失衡的情况下，以"崩空"为主体的功能空间仍有良好的抗震表现，保证了人身和财产的安全 [22]。（图 1.3-65；图 1.3-66）

1.3-65　青海玉树震后屹立不倒的崩空式生土藏房（1~2）

1.3-66 1

2

1.3-66　四川甘孜炉霍县崩空式生土藏房（1~2）

西南地区传统生土民居
Traditional Earthen Dwellings in South-western China

1.3-67

为便于归类阐述，在此所指西南地区为贵州以及前述川藏、滇藏以外的其他云南和四川地区。西南地区是我国地貌最为复杂的地区之一，高原、山地、丘陵、盆地、平原等大陆地貌的五种基本类型均有分布。受地貌影响，该地区在气候上也涵盖了热带、亚热带、暖温带、中温带、高原中温带、高原寒带等多种类型，地区间气候差异较大。在复杂的地貌条件下，西南地区自古以来交通就十分不便，房屋营建更是只能依赖就地可取的自然材料资源。尽管这里竹木资源十分丰富，但在各类气候错综相连的分布状态下，生土材料因突出的热湿平衡性能，成为就地可取的理想材料。

西南地区地质结构、地貌与气候的复杂性和多变性，使该地区成为全国土壤类型最多样的地区之一，具有红壤、赤红壤、黄红壤、紫色土、沉积土等多种类型，并且土壤中黏粒含量普遍较高。在这样的土质条件下，加之水和竹木资源丰富，人们掌握了夯土、土坯、木/竹骨泥墙、草泥等多种形式生土加工工艺，以应对不同的气候、地貌条件与房屋营建需求。

西南地区同时也是中国三大文化板块延伸、碰撞和交融的地区，客观上促成了文化的多样性。在此复杂多样的气候、地貌、文化、资源等因素的共同作用下，形成了诸如土掌房、蘑菇房、一颗印、三坊一照壁等丰富多元的传统生土民居建筑。（图 1.3-67 ~ 图 1.3-70）

1.3-67　　云南丽江纳西族村落

1.3-68　　云南丽江玉龙县宝山乡石头城

1.3-69　云南红河哈尼族蘑菇房聚落
1.3-70　云南红河土掌房聚落

云南生土合院民居

传统合院式民居是中原地区最为典型的居住形式。自南诏大理国时期，随着当地少数民族文化与外来的中原文化的不断融合，木构系统与合院式的居住模式，逐渐被云南腹地交通便利、与汉族交往频繁的坝区居民借鉴吸收，历经千百年的发展演变，逐渐形成了云南独具特色的合院民居形式。根据《云南民居》，这一民居形式可分为：滇中及昆明地区的"一颗印"，滇西北大理、丽江地区的"三坊一照壁""四合五天井"，滇东北会泽地区的"四水归堂式""重堂式"，滇南建水、石屏地区的"三间六耳下花厅""四马推车"，滇西南腾冲、德宏地区的"一正两厢式"。

云南合院民居基本沿袭了以庭院天井为中心、平面对称布局的传统，普遍具有正房、耳房、厢房、花厅、照壁、门楼等明确的构成单元，以及轴线主从关系。而院落的具体形制与装饰，因各地域自然环境、用地条件、经济状况、文化习俗的差异，也呈现出多元变化的特点，展现出本地民族对汉文化吸收融合后再创造的智慧。以最具云南特色的"一颗印"民居为例，在昆明地区也被称为"三间两耳"或"三间四耳倒八尺"：正房有三间；两侧厢房（又称耳房）各有两间，共计四间；与正房相对的倒座，进深限定为八尺（2.67m）。这种固定的基本平面形式，其外形紧凑封闭，方正如旧时官印，因此而得名。由于其占地小、对外相对封闭，非常适合于建筑密度较大的城镇或用地局促的丘陵山地条件。再如大理、丽江地区的"三坊一照壁"，属于带有"礼制"道德思想及审美追求的文人合院。"坊"是三开间两层高的单体建筑，可以是正房也可以是厢房，其作为一个基本单元体，可以组合构成院落，进而构成院落群。"三坊一照

1.3-71　　云南曲靖会泽县大海乡彝族石板房

壁"就是由三个"坊"(一个作为正房,两个作为厢房)和一面照壁共同组成的三合院。通常正房在西,照壁在东,住宅入口一般在东北角,且较为曲折,保证了院落内部的私密性和安全性。

以木构为骨、土墙围护的建构模式,在云南合院民居中十分常见。中国北方成熟的抬梁体系与南方的穿斗体系在云南被兼收并蓄,形成了云南合院民居普遍采用的抬梁、穿斗混合结构体系。即:以穿斗构架为主,局部配合使用抬梁式构架。这种做法在一定程度上既可减小木料界面尺寸,又可使室内空间获得释放。除山墙参与承重的个别情况以外,墙体主要起围护作用。在土源充沛的条件下,山墙和后墙多采用夯土或土坯材料,前墙通常为门窗木隔断。

以夯土为墙时,在施工过程中,夯筑与木构加工通常交替进行,使得木框架结构的优势与夯筑工艺自身的特点得到充分利用与融合:首层墙体夯筑—木构件加工—木框架搭建—二层墙体夯筑。在此过程中,木构件加工的过程,也为首层墙体干燥并达到基本的力学强度提供了充足的时间;另一方面,达到一定强度的首层夯土墙,也成为后续木框架搭建施工的重要依托要素。与滇藏地区采用的长板连续支模不同,云南合院民居土墙夯筑模式与华中、华东地区更为相近,通常采用长2~5m不等、高0.4~0.6m、厚5~6cm的木板作为模板,分层逐段连续夯筑。在夯筑过程中会适当添加竹条或草筋,有效增强墙体抗侧推能力。由于云南土质普遍黏粒含量较高,传统工匠会有意识地在土料中添加碎石以及房屋拆除后形成的碎砖石瓦块。从历经数十年雨水冲刷的夯土墙表面可以看到,碎砖石瓦块的添加与现代夯土优化机理可谓异曲同工,其作为骨料,不仅可以减小墙面干缩裂缝,而且有助于减缓风雨对墙面的侵蚀。

与夯土相比,土坯砌筑墙体更加灵活便捷。尽管以泥制坯与晾晒成材需耗费时日和空间,但施工过程所需的人工和时间远少于夯土墙,而且可更灵活地与木构架以及门窗洞口相结合。经济条件较好的家庭也常采用"金包玉"的方式,利用烧结砖砌筑门洞、转角、山花墙等易受雨淋或磨损的墙身位置,不仅能保护生土墙体,也能起到很好的装饰作用。(图1.3-71~图1.3-79)

1.3-72　云南丽江白沙古镇土坯合院民居
1.3-73　云南大理沙溪镇华龙村夯土合院民居

1.3-74   云南红河石屏县生土合院
1.3-75   云南大理巍山县东莲花回族村落（1~2）

1.3-76　1

1.3-76　　东莲花村"三坊一照壁"与"四合五天井"（1~3）

1.3-77　夯筑施工，云南大理沙溪镇（1~3）

1.3-78　云南丽江石头城传统生土民居（1~3）

1.3-79　生土肌理（1~9）

土掌房民居

土掌房是云南最具特色的传统生土民居之一，夯土或土坯为墙、密檩覆土平屋面是其最易辨识的两个特征。土掌房广泛分布于滇中、滇西、滇西南、滇南气候干热或干冷，土源相对丰富的地区，如元谋，居民主要包括彝族、哈尼族、藏族、傣族等民族。其中，分布于滇南哀牢山、红河流域、金沙江流域的彝族土掌房最具代表性。

土掌房平面多为三开间的矩形，具有布局紧凑、占地面积小、地形适应能力强等优点，尤其通过平屋顶的分层退台处理与屋面空间的利用，不仅可以适应不同坡度、克服地形限制，而且在丘陵山地局促的用地条件下，可有效地满足农作物晾晒、户外活动等日常生活需要。土掌房两层居多，一楼用于居住，二楼主要用于粮食和杂物堆放，牲畜在外单独圈养。房屋层高通常较低，首层层高多在 1.9~2.7m，二层层高 2.2~2.7m 较为常见。较低的层高与简单的立方体体量，让室内空间容量、建筑与外界的热交换表面积最小化，加之具有突出热、湿性能的土墙与覆土屋面，土掌房可以在干热或湿热气候条件下，通过就地取材，以最小的建造代价营造相对舒适的室内环境，充分显现出当地的人们历经千百年探索，积累传承至今的营建智慧。

土掌房多采用木梁柱框架与土墙混合承重，室内空间设柱，与四周土墙共同承担来自木梁的荷载。混合的程度根据房屋和开间大小可灵活调整，在开间较小的情况下通常不设木柱，仅由土墙承重；当开间较大时，也存在完全由木梁柱框架承重，土墙仅作为围护结构的情况。墙体厚度多在 450~500mm 之间，由纯粹的夯土或土坯砌筑而成。屋面由搭在木梁和土墙顶部的直径 15~20cm 的密排细檩条托底，其上用树枝、柴草铺平后，添加素土，分 3 层或 5 层夯实筑平 20~30cm 后，用泥浆涂抹形成屋顶面层。屋面四周微微隆起，在内侧形成顺便的天沟，通过间隔开设的排水口，可快速排除屋面雨水。由于土的蓄热性能突出，以土夯实的屋面在强烈的太阳辐射下并不会开裂，加之夯土密实度较高，屋面排水顺畅，仅需隔几年做简单的表面维护，即可保证屋面不漏水。土掌房施工操作简单，可分期实施。先平筑地台与墙体基础，后夯筑或以土坯砌筑墙体，再立木梁柱，再铺设木檩柴草，最后夯实抹平屋面。

土掌房不仅适合气候炎热、干旱少雨的地区，还被哈尼族带到了红河州元阳、红河、绿春一带雨水较多的湿热地区。为减小雨水对夯土屋面的冲刷破坏，当地的人们在正房上部的夯土平屋面上，架设两坡或四坡草屋顶，草顶下部空间作储藏之用，仍保留其他平屋面作为晒台。草屋顶脊短坡陡，坡度略大于 45°，外形近似蘑菇，故该地区的土掌房也被称为哈尼"蘑菇房"。

（图 1.3-80 ~ 图 1.3-82）

1.3-80　云南红河泸西县城子村土掌房民居（1~3）

1.3-81   1

2

1.3-81   土掌房室外空间的高效利用（1~3）

1.3-82　　云南红河哈尼族"蘑菇房"（1~3）

川陕生土民居

此处的川陕特指绵阳、江油、南充、阆中、广元、达州、巴中等川北地区，以及陕西南部的汉中与安康地区。该地区地处秦岭南麓与大巴山系及余脉，气候、地貌、资源等自然条件相近，尤其自古以来川北与陕南两地交往密切。相较于与云贵毗邻的川南、邻接青藏高原的川西地区，西南与中原文化通过川北、陕南两地相互影响，南北交融，逐渐形成了独具川陕特色的传统生土民居。

川陕生土民居多分布于山地丘陵中的农村地区，受地形影响，建筑平面布局较灵活，一字形、"凹"字形的小型三合院较多，四合院较少。单栋房屋根据用地条件和布局，开间数从二开间到七开间不等。房屋多为一层，屋面采用冷摊瓦双坡屋面系统，下部空间作为储藏之用的阁楼，同时作为空气间层，在一定程度上起到夏季隔热、冬季保暖的作用。房屋前墙多设檐廊，因当地雨水较川南地区少，檐廊进深仅 1m 左右。建筑主体多采用穿斗框架结构，作为围护结构的背墙与山墙，以条石或毛石为基，上部多为夯土，偶有土坯砌筑。也有采用土墙与木框架混合承重，以及硬山搁檩墙承重结构的情况。房屋前墙与室内隔墙通常采用竹骨泥墙或木门窗隔断的形式，在一些冬季寒冷地区，夯土或土坯墙居多。土坯制作与夯土分别采用与云贵地区类似的泥制成坯和短版夯筑的方式。竹骨泥墙也采用类似于南方地区的做法，用竹条纵横编制成网片，固定于立柱之间，以此为骨，内外侧涂抹草泥刮平即可，操作简单，成本低廉。在冬季相对温和的川北河谷盆地，木骨泥墙用于所有外围护墙体的做法也较为常见。

可以说，川陕生土民居是充分利用当地丰富的竹木与土石资源，将源于南方的穿斗系统与源于中原地区的生土墙系统兼收并蓄的产物，也很好地应对了当地冬季湿冷、夏季相对炎热的气候特点。类似的生土民居，在重庆、湖北等南北文化交融、自然条件相近的地区均有分布。（图 1.3-83 ~ 图 1.3-87）

1.3-83　　川陕夯土民居，四川广元旺苍县东河镇凤阳村
1.3-84　　川陕夯土民居，四川巴中清江镇塘坝村

1.3-85　　川陕夯土民居，四川绵阳梓潼县（1~2）

1.3-86　川陕民居竹骨泥墙，四川巴中通江县文胜乡白石寺村（1~3）

1.3-87　川陕夯土民居，重庆巫山

乌蒙生土民居

乌蒙山是云贵高原上主要山脉之一，横跨贵州六盘水、毕节与云南曲靖、昭通等地区，平均海拔约2080m。乌蒙山区冬季相对寒冷，夏季温和，土石林木资源较为丰富。相同的气候、地貌与资源条件造就了滇东北与黔西北这两个相邻地区高度同质化的传统生土民居形式。由于目前相关文献对这一地区生土民居尚无明确定义，在此统称为乌蒙生土民居。

乌蒙山区对外交通条件较差，自古以来经济相对落后，加之山区用地条件局促，使得传统生土民居合院形式较少，每户多由1~2栋房屋组成。单栋房屋为一列三或两开间。入口开间为堂屋，常贯通整个进深。相邻开间为卧室、厨房或储藏间，进深较大时划分为前后两室，通过堂屋联系。有些地区不单设厨房，而是以火塘形式置于堂屋。堂屋所在开间入口处向室内推进1m左右，室外上部用木椽架设棚架，多用于农作物晾晒。当房屋为两开间时，房屋一侧山墙伸出形成垛墙，以支撑檐檩和入口棚架。硬山搁檩的横墙

承重结构体系在当地较为常见，墙体夯土居多，土坯砌筑较少。经济相对宽裕的人家，房屋多采用一层半的形式，屋脊高度在5~6m之间，冷摊瓦双坡屋面下的半层空间用于储藏，兼起保温隔热的空气间层作用。而在偏远且经济相对落后的山区腹地，茅草双坡屋面则更为多见。

乌蒙山区历史上是彝族土司统治区域，也由此形成了以大屯土司庄园、牛棚土目庄园、安山土司庄园、湾溪土司庄园、契默土司庄园等为代表的大量具有乌蒙特色的衙署和庄园建筑。夯土或"金包玉"是其中常见的墙体建造方式。土司庄园一般坐北朝南，多为一重堂、三重堂或七重堂式的合院建筑群。每重堂由规格相近的四栋两层房屋围合中间院落形成，房屋主体通常采用硬山搁檩墙体承重结构，并设置宽阔前廊。与因陋就简的山区农宅相比，土司庄园无论在建筑形制还是营建工艺方面，都彰显出土司家族尊贵的社会地位与雄厚的经济实力。（图1.3-88~图1.3-90）

1.3-88　　乌蒙山区传统夯土民居，贵州毕节威宁县牛棚镇手工村（1~2）

1.3-89   乌蒙山区夯土茅草房，云南昭通盘河乡

1.3-90　贵州毕节威宁县牛棚镇土目庄园（1~3）

新疆地区传统生土民居
Traditional Earthen Dwellings in Xinjiang Region

新疆维吾尔自治区总面积 1 660 000km²，幅员辽阔，是我国陆地面积最大的省级行政区。新疆北部为阿尔泰山，南部为昆仑山系，横亘于中部的天山，将新疆划分为以塔里木盆地为核心的南疆和以准噶尔盆地为核心的北疆，而天山东部的吐鲁番、哈密通常被称为东疆。

新疆地处欧亚大陆腹地，远离海洋，加之"三山夹二盆"的特殊地貌对海洋气流的阻隔，使新疆具有干燥少雨、冬季酷寒、夏季炎热、日照充沛等温带大陆性干旱与半干旱气候典型特征。尤其在降水方面，全疆年均降水量仅约150mm，蒸发量普遍高于降水量，而南疆、东疆大部分区域年降水量更是小于 50mm；春秋两季极短，季节温差与日温差均较大，尤其在春夏和秋冬之交，大部分地区日温差超过 20℃，故历来有"早穿皮袄午穿纱，围着火炉吃西瓜"之说。

在新疆，沙漠、戈壁面积占比高达 48%，绿洲不足 10%，在极端的气候、艰苦的交通与匮乏的资源条件下，以热工性能突出、就地可取的生土为材，成为房屋营建首选。生土建造技术的应用在新疆具有十分悠久的历史，楼兰古城、高昌古城等遗迹便是最好的诠释。与我国华东、西南等地区略有不同，尽管新疆自古以来便是欧亚多元民族与文化的共存交融之地，但相近且极端的自然条件，使得生土营建传统不仅几乎遍布新疆全境，而且建筑形制与工艺也相对趋同。结合陈震东先生的调查研究 [23]65-85，在新疆各地区传统生土民居中，常见的共性特点可归纳为以下几个方面：

（图 1.3-91 ~ 图 1.3-94）

1.3-91

1.3-91　喀什高台维吾尔民族聚居区

建筑布局

以三个房间构成一组基本生活单元的空间布局模式，在新疆诸多民族民居中最为多见，常被称为"沙拉依"。因民族习惯不同，其功能构成与尺度略有不同。在维吾尔族民居中，中间开间较小，作为入口前室，或包含炉厨功能；此前室在左右两侧所连接的大房间，分别作为主卧及会客、次卧空间。而在汉以及满、锡伯等受汉地文化影响较大的民族民居中，中间开间通常较大，作为会客或兼主卧之用，两侧房间相对较小，作为卧室或储藏室。以此三间作为基本单元，根据用地与家庭构成的不同，若干单元可拼接或相对独立围合，形成"一"字形、L形、U形建筑为主体的合院民居形式。

建筑形态

干旱少雨的气候条件，使得施工简单且用料节省的密檩平屋面，成为新疆地区民居广泛采用的屋面形式。方正的建筑体量，加之土墙与屋面覆土带来的蓄热效应，不仅有助于冬季采暖升温，而且可有效应对室外昼夜气温的大幅波动。

室外空间

院中高架棚与房前檐柱廊，是新疆各地生土民居最常采用的遮阳与通风降温手段。其通过简单易行而高效的方式，为人们在干燥炎热且阳光炙烈的漫长夏季，营造出相对阴凉舒爽的院落微环境。以外廊为布局核心的民居形式在喀什、莎车、库车、阿克苏、哈密等地区最为常见，被称为"辟希阿以旺"。从开春到入冬初期，居民大部分时间更喜欢在廊下起居，酷暑时甚至在室外就寝，床榻、餐桌等起居用品也会被搬至室外，廊下就成了独具新疆民居特色的室外起居空间。

（图1.3-95；图1.3-96）

材料建构

在新疆传统民居集中分布的绿洲地区，因林木资源普遍匮乏，纯木框架结构的应用相对较少，房屋建设多采用墙承重或木梁柱与墙混合承重的结构形式。施工用的木材多使用房前屋后种植的新疆杨树，它生长快，抗风沙能力强，但木质不如我国北方的松木和南方的杉木等常见建筑用材。与之相对，新疆绿洲地带的土质黏粒含量普遍较高，且就地可取，因此成为当地房屋墙体施工的主要用材。夯土、土坯砌筑、插坯墙、木骨泥墙、挖窑等生土工艺在新疆均有使用。其中，土坯砌筑的应用最为普遍，墙厚多在45~60cm之间；在伊犁、和田、喀什等地区，当土壤含沙量较高导致土坯质量较差时，土坯常以插坯墙的形式建造非承重墙：采用树枝木条做框，内部填充土坯，外部草泥抹面成墙。夯土多用于围墙、畜圈等设施的建设。木骨泥墙在新疆多被称为编笆泥墙，即以木条为骨，用红柳、芦苇等枝条编制成篱笆状，两侧用草泥抹面成墙，其因简单易行，多用于游牧地区简易房屋。下沉式窑洞挖掘工艺是抵御新疆严寒酷暑性价比最高的生土工艺之一，形成的空间俗称"地窝子"，常作为储藏地窖或半地下功能用房。

除以上具有一定共性的民居特征以外，因自然条件与人文环境的差异，新疆生土民居在不同地区也显现出一定的地域特点，其中，吐鲁番、喀什与和田地区表现最为突出。（图1.3-97~图1.3-99）

1.3-92 吐鲁番吐峪沟生土民居聚落
1.3-93 昆仑山麓中的生土民居村落，新疆克州阿克陶县克孜勒陶乡

1.3-94　维吾尔族下商上住式生土民居，新疆喀什莎车县
1.3-95　藤架遮蔽下的维吾尔族民居院落，新疆喀什城区
1.3-96　檐廊苏帕上就餐的维吾尔族老人

1.3-97　　土坯墙施工：（1）土坯制作与晾晒，新疆喀什；（2）土坯墙
砌筑，新疆喀什；（3）土坯墙砌筑，新疆吐鲁番

1.3-98　　编笆泥墙棚圈，新疆和田
1.3-99　　草泥井干墙，新疆伊犁

吐鲁番维吾尔族民居

　　吐鲁番盆地属于独特的暖温带干旱荒漠气候，日照充足，热量丰富但又极端干燥，降雨稀少且大风频繁，有"火洲""风库"之称。炎热高温是当地民居营造需要应对的首要问题，也使得当地生土民居与其他维吾尔族聚居区民居的空间组织略有不同。半开敞性高棚架式的空间布局方式是吐鲁番民居的主要特点，其建筑布局较自由，有一字式、曲尺式、穿堂式等，皆围合成院。院中以土坯垒砌花砖墙、拱门等界定出多变的空间。院内搭建凉棚，种植葡萄等攀缘植物，形成阴凉的小气候。房屋多为一明两暗式的夯土或土坯墙＋木结构的复合承重系统。

　　在当地昼夜温差较大的条件下，厚实的土墙及覆土平屋面能够有效地利用生土突出的蓄热性能，平衡室内的温度与湿度。一些民居将底层建在半地下标高，采用覆土拱券承载上部楼面荷载。半地下拱券结构形式具有鲜明的吐鲁番地方特色，在土层的蓄热作用下，其内部空间冬暖夏凉，人们充分利用此独特的房屋结构，通常冬夏两季在底层居住，其他季节则移至二层房间。

　　因葡萄通风阴干所需而建造的晾房，是吐鲁番地区另一地方特色。为获取必要的通风环境，晾房多建造于居住房屋或棚圈屋顶，或宽敞的空地与高埠。晾房多以土坯砌筑，上架简易顶棚，四面墙体采用镂空花墙的形式，以获取最大的通风效果。（图 1.3-100 ~ 图 1.3-103）

1.3-100

1.3-100　施工中的吐鲁番生土民居

1.3-101　葡萄晾房，新疆吐鲁番葡萄沟
1.3-102　葡萄晾房，新疆哈密
1.3-103　包含高架棚、半地下地窖与外廊平台等要素的典型吐鲁番生土
　　　　　民居院落

喀什高台民居

喀什市古称"疏勒"，历史上是横贯欧亚大陆"丝绸之路"的中国南、北、中三路在西端交会的商埠重镇，是著名的"安西四镇"之一。在此寸土寸金的西域绿洲之地，喀什老城区居住人口密集，用地日趋紧张，逐渐形成了以高台民居为代表的民居建筑及其聚落形式。

高台位于喀什噶尔老城东北端，现为维吾尔民族聚居区。该区建在高崖台地之上，共有近六百户人家。高崖两千年前就已存在，一千多年前便有维吾尔族先民在此建房安家。经过千年的发展，高崖之上形成了奇特的民居建筑形式。各户房屋在基本功能单元沙拉依的基础上，随着地形地势建造，犬牙交错、互相套叠，各家都自成

完整的院落，院内布局顺势而为，灵活多变。房屋以二至三层为主，多采用梁柱与墙体混合承重结构。相邻户共用承重墙的情况较为普遍，户与户之间建筑结构相互关联，加之过街楼、天井、露台、阳台、屋面棚架等设施的灵活应用，高台民居从三维尺度上最大限度地利用了有限的用地和空间，在实现相对舒适的各户内部小环境的同时，也形成了明暗交替、丰富多变、兼具遮阳通风效应的巷道灰空间。房屋墙体材料以土坯、烧结砖为主，编笆、木板等轻质材料于二层以上混合使用，尽显当地居民在材料资源匮乏条件下物尽其用的房屋建造智慧。（图1.3-104～图1.3-105）

1.3-104　高台民居街巷空间，新疆喀什（1~3）

1.3-104　2

3

1.3-105

1.3-105　高台民居天井院落，新疆喀什

和田地区生土民居

在以和田为代表的塔里木盆地沙漠边缘地区，夏季炎热、冬季严寒，干旱少雨且风沙频繁。为避风沙，当地民居采用相对封闭的形式，基本单元和辅助用房以中庭为核心形成围合，所有房屋门窗对庭内开设，对外一般不开设窗洞。中庭通常较小，其上部在屋面之上60~120cm标高架设顶盖，盖下装可开启的侧窗，不仅可有效防止风沙进入，而且在确保室内采光的同时，能通过开启侧窗促进夏季室内的通风降温。这一明亮的中庭在维吾尔语中被称为"阿以旺"，除作为内部各房间的交通枢纽以外，实属多功能共享空间，可用于日常起居、待客、节庆欢聚乃至家务劳作等各种活动。在面积较大的房间顶部，也会架设阿以旺式的顶窗，以改善室内采光和通风。

当地生土民居多采用木梁柱与墙承重混合结构。墙体土坯砌筑或以插坯墙为主，编笆泥墙、木板墙等轻质结构也常作为内隔墙使用。作为日常生活和待客、节庆的核心空间，阿以旺中庭自然也是当地居民重点装饰的对象。以石膏为材装裱的墙顶和壁龛花饰，以彩绘、木雕装饰的梁柱，以切角面砖拼贴装饰的墙面，在阿以旺柔和的顶光烘托下，尽显居民乐观向上、极富情趣的生活态度。（图1.3-106~图1.3-110）

1.3-106　柯尔克孜族生土民居，新疆喀什塔什库尔干镇
1.3-107　沙漠绿洲中的生土民居院落，新疆和田民丰县喀帕克阿斯干村

1.3-110

1.3-108　克里雅河畔的生土民居，新疆和田于田县达里亚博依乡
1.3-109　慕士塔格山卡拉库里湖畔生土民居，新疆克州阿克陶县布伦口乡
1.3-110　沙漠边缘的生土民居村落，新疆和田于田县达里亚博依乡达斯托里扎村

第 2 章

生土材料科学
Science of Earthen Materials

石头
Stone

20mm

石砾
Gravel

2mm

2.1-1　土壤中的粒级构成

砂砾
Sand

0.02mm

粉粒
Silt

0.002mm

黏粒
Clay

10μm

2.1 生土材料的应用机理
Application Mechanism of Earthen Materials

因研究目的和侧重的差异，不同的学科对于"土"的定义不尽相同。目前，以土为对象的研究文献成果多集中于农业和环境科学领域，主要以"土壤"一词指代土的概念，并形成了专门的土壤学科。与土壤学科相较，当土被作为建筑材料对待时，土壤中的有机质通常被作为不利因素需要加以规避，而关注的重心更多集中于其自身的物理特性。其中，土壤中土粒的水分物理与表面性质，是决定其能否作为建筑材料使用的核心要素。自然界中存在的土，由大小不同的土粒组成，不同粒径的土粒，在水分物理性质与表面性质上存在着巨大差异。为便于研究分析，通常根据土粒大小和其特性将土壤内的颗粒分为若干组，称为土壤粒级。

如图 2.1-1 所示，根据国际制划分标准[24]69-72，粒径大于 2mm 的土粒被称为砾石（gravel），粒径在 2~0.02mm 之间的为沙粒（sand）。石砾与沙粒性质相近，矿物组成以原生矿物（指由岩浆冷凝而形成的矿物，多为石英、长石）为主，具有很强的刚度，但无黏结性、黏着性与可塑性。粒径在 0.02~0.002mm 之间的土粒为粉粒（silt），粒径小于 0.002mm 的土粒为黏粒（clay）。粉粒的粒径大小介于黏粒与沙粒之间，其性质也介于二者之间，具有一定的刚度、可塑性、黏结性、黏着性和吸附性。黏粒是土壤形成过程中的产物，是土壤中最细小的部分，其成分主要为次生矿物（指由原生矿物经过化学变化形成的新矿物），常见的土壤次生矿物包括高岭石、蒙脱石、

伊利石等次生硅酸盐矿物。为便于分类研究与分析，把土壤中各粒级土粒的配合比例，或各粒级土粒占土壤质量的百分数叫作土壤质地（soil texture）。国际生土建筑界目前主要参考国际制进行土壤质地分类，根据黏粒的含量，将土壤质地划分为沙土、壤土、黏壤土和黏土四大类，界限分别为 15%、25%、45%、65%。美国农业部以此为基础，采用三角坐标图解法进一步将土壤质地的分类图像化（图 2.1-2）[25]50，以便于分析判断。

之所以能通过夯土、土坯、抹面、草泥等加工方式将不同大小的土粒聚合在一起，作为材料用于房屋建造，土遇水产生的黏结力是其中的关键。这一黏结力是液态水和水分子在土粒间形成的毛细力、范德华力、库仑力等综合作用的结果。毛细力是其中的主导因素。

随着近年来微纳米技术的快速发展，毛细作用再次获得科学界的广泛关注，毛细力学也已成为十分重要的前沿学科方向。何谓毛细力？其实与众所熟知的毛细现象的产生机理一样。土粒之间的毛细力作用，可以用一些常见的直观现象来描述。将若干玻璃球放置在一个平面上，加入少量水并轻轻晃动平面，玻璃球会以六边形的结构，自动且紧密地聚合在一起。仔细观察相邻玻璃球之间（图 2.1-3），水像一座侧面呈对称弧形的桥，将相邻玻璃球拉结在一起。在毛细力学中，像这样的两个固体通过一段液体相连的系统被称为液桥，液体将两个固体拉拽在一起的力，被称为液桥力（pull-off force），其表征原因是液体与

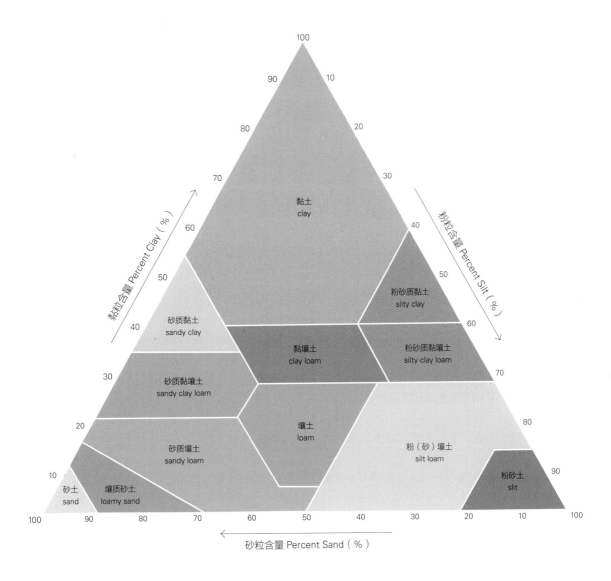

黏粒含量 Percent Clay（%）

粉粒含量 Percent Silt（%）

砂粒含量 Percent Sand（%）

黏土
clay

粉砂质黏土
slity clay

砂质黏土
sandy clay

黏壤土
clay loam

粉砂质黏壤土
silty clay loam

砂质黏壤土
sandy clay loam

壤土
loam

粉（砂）壤土
silt loam

砂质壤土
sandy loam

粉砂土
slit

砂土
sand

壤质砂土
loamy sand

2.1-2　土壤分类三角坐标

2.1-3

空气接触的弯曲表面具有表面张力作用，而实质原因是液体与固体之间的黏附作用以及液体自身的内聚作用[26]130-132。液桥力的产生需要固体、液体以及液桥侧边的空气三者同时存在。这也很好地解释了为什么将湿润的海滩沙子"黏结"起来可以做成沙雕，而在沙雕中加入过量的水，沙雕便会坍塌。湿润的沙粒中同时存在水和空气，颗粒间形成液桥黏结在一起；若水量增加，液桥侧面的空气就会被挤压排出，液桥力便消失了。

当然，在玻璃球、沙粒乃至砾石之间，可产生的这种液桥力的黏结作用是非常有限的。对于质量一定的同一组固体颗粒而言，颗粒间的总液桥力大小，与其中颗粒的总表面积、颗粒间距以及颗粒表面的几何形状相关。同一质量下，固体颗粒粒径越小，颗粒数自然越多，可产生液桥的颗粒总表面积越大，总液桥力相应也就越大。这也是米粒、麦粒、玉米粒等谷物研磨得越细，粉末加水后黏性越大的原因。颗粒间距越小，液桥力越大，做沙雕时用力压实成形便是基于这一原理。颗粒表面形状方面，当相邻颗粒表面越接近两个平行的平面，即颗粒间黏结面积越大时，所产生的液桥力会越大，正因如此，只需要一点水汽便可以让两块玻璃板紧密地黏结在一起，其强

大的黏结力使得用人力无法沿垂直玻璃板的方向将其分开。

了解毛细作用下的液桥力原理及其影响要素后，就可以很好地理解黏粒在生土材料工艺中扮演的角色以及各种工艺操作背后的作用机理了。在电子显微镜下观察，黏粒的形状与沙粒、石子和粉粒不同，并非球体或块状，而是因黏粒形成原因的不同，呈薄片状、板条状、管状、纤维状、絮状等多种层状晶体形态（图2.1-4），可提供的液桥接触面远大于块状土粒，加之黏粒粒径小于0.002mm，黏粒区间内土粒的比表面积（是指每克土壤中所有土粒表面积的总和，单位：m²/g）之大往往超出常规想象。例如，烧制陶器所用的高岭土黏土的比表面积在5~40m²/g；常见的伊利石黏土比表面积达到90~150m²/g；而蒙脱石、蛭石黏土的比表面积会高达800m²/g，也就是说，仅仅1g蒙脱石黏土中，土粒的表面积总和就高达两个篮球场的面积。正因其层状的晶体形态和超高的比表面积，黏粒在生土材料中的角色，与水泥在混凝土中的角色相似。在混凝土中，砂子与砾石作为骨料，确保混凝土具有足够的抗压变形刚度，水泥作为胶凝剂，通过与水发生化学反应，将所有骨料黏结聚合为一体。而在生土材料中，砾石、沙粒、粉粒仍作为骨料，黏粒作为胶凝剂，通过遇水产生的液桥力等黏粘作用，将所有骨料黏结聚合成为整体。因此在国外，夯土、土坯等土、砂、石构成的生土材料，被称为生土混凝土（earth concrete）。而黏粒在水的帮助下对骨料产生的黏结聚合作用，并不会在土墙干燥后消失。这是因为黏粒层片与层片之间、黏粒层片与骨料之间仅有几纳米的毛细空隙，因毛细冷凝现象，即使在土墙完全干燥后，这一纳米级的空隙间始终存在液态水，仿佛被永远"锁"在此处，持续发挥其液桥力的黏结作用（图2.1-5），进而确保土墙的经久稳固。这也是土楼、长城等大量生土建筑或构筑物历经数百年甚至数

2.1-4　显微镜下典型土壤黏粒的微观结构：（1）蒙脱石黏粒 20μm；
（2）蒙脱石黏粒 4μm；（3）蒙脱石黏粒 2μm；（4）海泡石
黏粒 0.5μm；（5）发光沸石黏粒 10μm；（6）白云母石黏粒
4μm；（7）伊利石黏粒 1μm；（8）高岭石黏粒 2μm；（9）绿
泥石黏粒 20μm

千年而屹立不倒的主要原因。

因此，黏粒的类型及其含量的多少，是直接影响生土材料土源及其利用方式选择的核心要素。在自然界，不同地域以及同一地域不同区域的土质存在很大的差异，甚至在同一取土位置地面以下不同深度的土壤，其粒级构成也往往不同。全国各省部分典型土壤数据显示^{（图2.1-6）}，各地区土壤黏粒含量多则高达近80%，少则仅有百分之几。尽管如此，根据国际土壤信息数据库的统计，绝大多数类型的土壤中黏粒含量均超过5%，当低于这一数值时，土壤学、土力学领域往往不会将其视为"土"，而是作为"沙"或"粉沙"看待。这恰恰与国内外各个地区千百年来形成的传统生土材料应用经验高度吻合。只要待选"物质"被人们称为"土"，其中黏粒的实际含量普遍在5%以上，便具有一定的可塑性、黏粘性和黏着性，故而从理论上均可被作为生土材料用于房屋建造，这也是生土能成为全世界应用最为广泛的传统材料的主要原因之一。另一方面，从黏粒类型的角度来看，土壤中若富含具有极强湿胀性的蒙脱石、蛭石类黏粒，会导致生土材料在干燥过程中产生最高可达20%的干缩，因此难以用于生土建造。当然，具有极强湿胀性黏粒的土壤实际分布并不广泛。

尽管各地的土质差异较大，但在全世界具有生土建造传统的广大地区，人们历经千百年的实践摸索，总结出了行之有效的甄别土源的经验和办法，并根据不同地区的土质特点，以及土料在可塑性、黏结性、湿胀性方面的特点，通过变换材料加工方式、控制土料含水率，逐渐摸索出一系列可满足不同建造需求的生土材料应用工艺，也由此形成了各地区丰富多彩的传统生土营建技艺及文化。

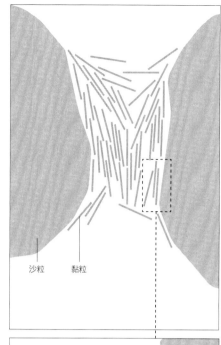

沙粒　　黏粒

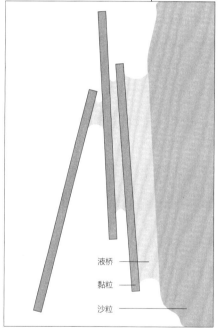

液桥

黏粒

沙粒

2.1-5

2.1-5　　在以液桥为主的综合力作用下，黏粒将所有土粒黏结聚合在一起
2.1-6　　全国部分省市典型土壤粒级构成柱状图

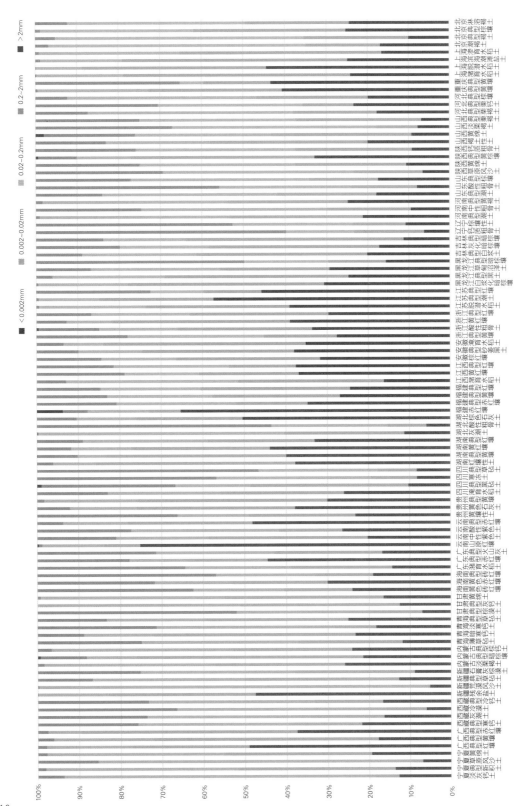

2.1-6

2.2 传统生土材料的性能特点
Performance of Traditional Earthen Materials

性能优势
Performance Advantages

生土营建之所以应用广泛，缘于生土材料所具有的一系列优点，尤其在当前生态可持续发展的科学视角下，与常规工业化建材相比，其所具有的生态应用潜力与优势，已通过国内外大量的试验论证获得学术界的广泛认可。

施工简易，造价低廉

传统生土营建工艺操作简易，对于基本的施工方法和工艺要求，多数成年村民耳熟能详，且无需专业培训便能上手操作。因此，在传统的房屋建设组织模式中，户主只需要雇佣2~3名泥瓦技工和做梁柱屋架及门窗的木匠，在邻里亲朋的帮助下即可完成房屋建设。由于生土材料多为就地取材，其材料成本远低于烧结砖、混凝土等常规建材。以甘肃会宁县马岔村开展的夯土示范房为例，仅原材料、加工、运输三项，主体结构材料成本即可节省50%以上。

低能耗，低污染，可循环再生

生土可就地取材，因地制宜，既无需焙烧或化学类的加工过程，也无需进行长途运输，其材料加工与成形过程中产生的能耗和碳排放量远低于常规工业材料。以夯土为例，其材料蕴含能耗和碳排放最低仅分别为混凝土的6%和2%，普通烧结砖的3%和2%。[27]35; [28]也正因为其非化学改性的加工特点，生土具有很好的可降解性，房屋拆除后生土墙体材料可回归土地，或被再利用于新房建造。由于生土墙体的呼吸性能，其长期与大气中的氧、氮以及相关离子进行交互作用，可形成类似氮肥的效应，甚至在许多农村地区，使用几十年后的生土房屋在拆除后，会被村民视为上好的"肥土"还于农田。（图2.1-1~图2.2-3）

平衡室内环境湿度的"调节器"

如前文所述，土生材料是由大量小到微米级的土粒聚合而成，其中存在大量可吸附液态水的黏粒表面，土粒之间有大量如毛细血管且与外部环境连通的微米级空腔。空气中的水蒸气能够吸附在生土材料表面并进入内部，通过毛细力作用凝结在土粒表面及周围的空腔中。随着周边环境的湿度和温度变化，这些"毛细血管"可以储藏、转移和释放大量水分，来调节自身内部的水分，与周围环境保持平衡。尤其在室内一侧，当室内相对湿度较高，即空气中水蒸气分压力大于生土材料毛细空腔中的水蒸气分压力时，在压力差作用下，室内水蒸气会进入土墙内部毛细空腔，在毛细冷凝作用下，凝结成液态水吸附在土粒表面，直到毛细空腔内相对湿度与室内一致；而当室内相对湿度低于土墙内部毛细空腔内湿度时，毛细空腔中部分液态水开始蒸发为水蒸气，回到周围空气中，直至材料内外相对湿度一致。

在一定湿度与温度条件下，当材料内部与环境之间这一水蒸气交换达到稳定时，材料内部的含水量叫平衡含水量，材料内部含水质量与材料总质量的比值即为平衡含水率。对于同一材料，平衡含水量随着周围环境湿度的提升而增加；在

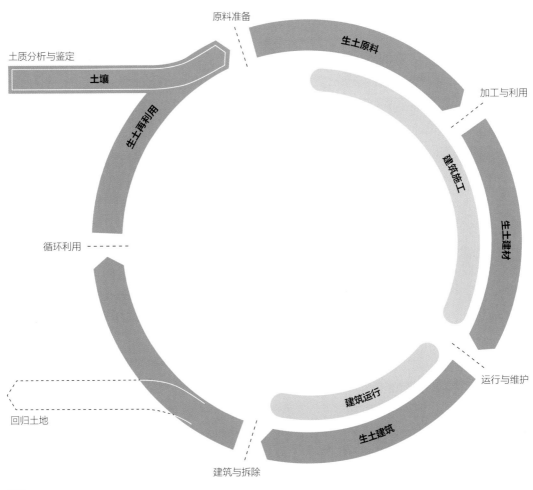

土质分析与鉴定

土壤

生土再利用

原料准备

生土原料

加工与利用

建筑施工

生土建材

运行与维护

循环利用

建筑运行

生土建筑

回归土地

建筑与拆除

2.2-1

一定湿度环境中，平衡含水率越高的材料，其吸湿能力越强。

　　而以夯土、土坯为代表的生土材料，属于为数不多的具有超强"呼吸"与吸湿特性的多孔重质材料，其平衡含水率仅次于木材，是烧结砖和混凝土的 8 倍以上（图2.2-4）。也就是说，在相同条件下，生土材料吸收和释放水分的量与速度远高于常规墙体材料。根据德国卡塞尔大学建筑研究实验中心（BRL, the University of Kassel）进行的墙体材料吸湿试验 [8]16-18，在一定温度下将多种材料周边环境相对湿度统一从 50% 提升至 80%后，混凝土与烧结砖在 2 天后便接近吸湿饱和，

2.2-1　生土材料在建筑全生命周期中的可持续循环

2.2-2

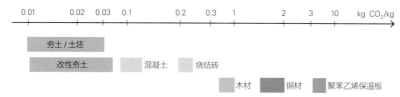

2.2-3

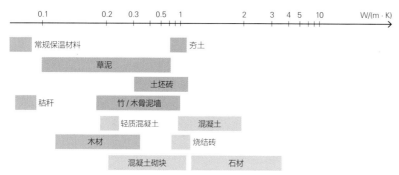

2.2-6

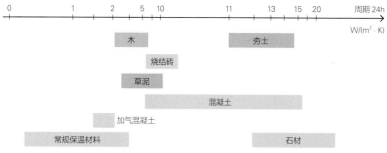

2.2-7

2.2-2　墙体材料蕴含能耗对比图
2.2-3　墙体材料蕴含碳排放对比图
2.2-6　生土材料与其他常规墙体材料导热系数对比
2.2-7　生土材料与其他常规墙体材料 24h 蓄热系数对比

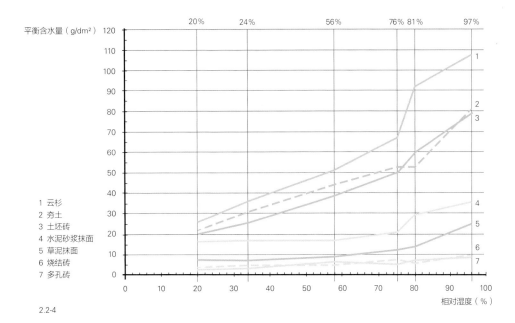

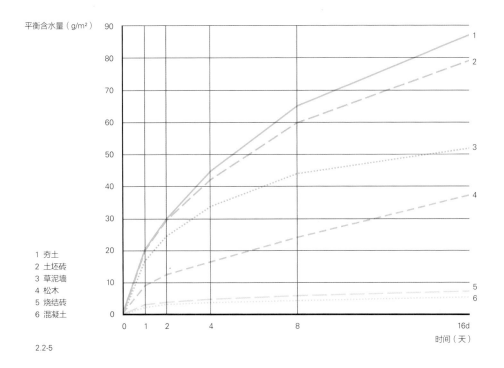

1 云杉
2 夯土
3 土坯砖
4 水泥砂浆抹面
5 草泥抹面
6 烧结砖
7 多孔砖

2.2-4

1 夯土
2 土坯砖
3 草泥墙
4 松木
5 烧结砖
6 混凝土

2.2-5

2.2-4　生土与其他常规墙体材料平衡含水量对比
2.2-5　生土墙与其他常规墙体吸湿性能对比

而生土材料始终保持着较高的吸湿状态，并且在第 16 天时其从空气中吸收的水分，分别达到前二者的 15 倍和 10 倍（图2.2-5）。再以相同的环境湿度控制方法对既有建筑进行观测，发现两天内生土墙吸收环境中的水分，是烧结砖墙的 30 倍。

生土材料这一特性对于多雨湿热的地区尤为重要。在我国南方多雨潮湿的季节，因吸湿能力较差，烧结砖和混凝土墙面常出现凝结水，并由此导致霉变。而对于生土墙体而言，根据 BRL 的试验，即使将环境相对湿度保持在 95% 的近饱和状态六个月，其内部含水率也仅为 5%~7%，墙体表面依然保持干燥状态，而其抗压强度也仅下降了 6%。与此同时，BRL 在对一栋生土房屋进行了长达 8 年的观测后发现，不论室外环境如何变化，其室内相对湿度始终保持在 50% 左右（40%~70% 相对湿度通常被认为是人体感受舒适的湿度环境），上下波动仅为 5%~10%。

由此可见，生土墙体突出的吸湿性能可以十分有效地平衡建筑室内的昼夜湿度，并起到夏季除湿和冬季增湿的作用，可谓十分理想的室内环境湿度"调节器"。

平衡室内温度的相变"蓄热器"

导热系数与蓄热系数是建筑材料热工性能的两个主要参数。导热系数越小，材料的绝热性能越好；蓄热系数越大，材料在气温波动下吸收、储藏和释放热量的能力越强。除草泥、木骨泥墙等轻质生土材料以外，夯土、土坯等重质生土材料在绝热性能方面并不具有优势，其导热系数与烧结砖、混凝土相当（图2.2-6），但其蓄热性能远优于常规墙体材料，属于十分理想的建筑用储热材料。

根据蓄热原理的不同，常见的储热材料可分为显热储热材料、潜热储热材料和热化学储热材料三类 [30]。显热储热材料是利用材料自身在温度升高和降低过程中热能的变化，进行热能的储存或释放，夯土、土坯与混凝土、鹅卵石一样属

于这一类，且显热储热能力相当。不同的是，生土材料中存在的大量水分，又使其同时具有潜热储热能力。潜热储热是通过相变材料发生固—固、固—液、固—气或气—液相变时，吸收或放出热量来实现能量的储存或释放。水是生活中最常见的相变材料：在标准状态下，水在沸点由液态转变为水蒸气时吸收的热量高达 2266kJ/kg。根据毛细冷凝原理，生土材料微纳米级的空腔结构可使水在常温状态下，随着温度的上下波动就能形成液—气相变及其相应的热量交换，即随着室内温度的升高，土墙毛细空腔的温度也随之升高，空腔中部分液态水吸收热量并同步蒸发，因空腔中水蒸气增多，在压力差的作用下部分水蒸气进入周围环境；当温度下降时，空腔中的部分水蒸气会凝结成液态水留在毛细空腔内，同步释放相应热量，部分热量进入室内环境。

在显热储热和潜热储热的双重作用下，以夯土和土坯为代表的生土墙体材料具有优于大部分常规墙体建材的蓄热性能（图2.2-7），对于室内环境可同时发挥"湿度调节器"与"蓄热调节器"的作用：日间随着室内温度升高、相对湿度下降，土墙可从周围环境中以及在阳光照射下吸收、储藏大量热量，同步释放水蒸气，从而降低室内气温上升幅度和相对湿度的下降幅度；夜间随着周边环境气温下降、相对湿度上升，土墙逐渐释放日间储藏的热量，同步吸收周边环境中的水蒸气，进而控制室内气温下降幅度和相对湿度的上升幅度。以土墙室内外两侧温度测定试验为佐证，如图 2.2-8 所示，当室外一侧温度全天在 0~55℃ 之间大幅波动时，室内一侧的温度仅在 18~22℃ 之间轻微波动。因此，尤其在昼夜温差较大的地区，生土围护墙可使室内保持相对稳定舒适的气温和湿度状态。根据路易斯·布尔乔亚（Louis Bourgeois）对沙特阿拉伯传统生土合院民居与预制混凝土房屋的温度测试对比可见，在昼夜环境气温于 12~31℃ 之间波动的过程中，混凝土房屋

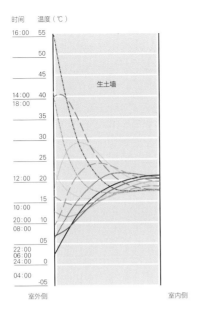

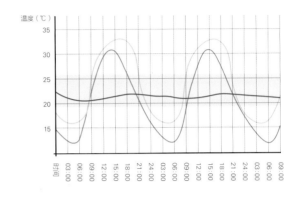

2.2-8

2.2-9

室内温度波动达到16℃，日间室内温度甚至高于室外气温，而生土房屋室内气温则始终保持在22℃左右的稳定舒适状态（图2.2-9）。民间关于生土建筑"冬暖夏凉""夜暖昼凉"的说法，也正是生土材料这一突出热工性能的直观表现。

低含水率与土木共生

尽管生土材料的吸湿性能远高于烧结砖、混凝土等常规墙体材料，但因其具有多孔重质的特点，生土墙内部的质量含水率并不高。根据试验[8]，在常温条件下，随着环境相对湿度的变化，夯土、土坯、草泥砖、草泥抹面等不同生土材料内部的平衡含水率基本在0.4%~6%之间波动[8]29。通常，引起木、竹等有机自然材料腐朽的菌类生存所需的材料含水率至少需达到20%，引起虫蛀的蠹虫、白蚁等昆虫生存所需的材料含水率至少需达到14%[31]。因此，通过烘烤干燥，

使材料含水率下降至14%之下，破坏木腐菌类和蛀木昆虫赖以生存的湿度环境，是目前木材等有机材料防腐防蛀处理的常用措施之一。而由于土墙内部的含水率远低于木腐菌类和昆虫生存所需的湿度标准，只要墙身不存在贯通裂缝，生土材料可对其中具结构性和功能性作用的木、竹、草等自然材料，起到长久的防蛀防腐保护作用。实地调研发现，即使在夏季潮湿的我国西南地区，当使用几十年的夯土房屋拆除时，墙内的木柱依然保存完好，村民通常会再将其用于新房的建设。甚至在2000多年前建造的汉代长城，至今依然可以从倒塌的夯土断面中清晰地看到竹片、树枝等起拉结作用的有机材料。这些充分证明了生土墙体对其内部有机材料可以起到十分有效的防腐防蛀效用，也由此能够更进一步理解古人"土木共生"营建智慧的科学内涵。

2.2-8　室外昼夜气温波动下生土墙内外温度变化
2.2-9　沙特阿拉伯传统生土合院民居及其与预制混凝土房屋室内气温对比

相对缺陷
Relative Shortcomings

尽管传统生土材料相比于常规工业化建材具有生态性价比优势，但不可否认，其在力学和耐候性能方面的固有缺陷，是制约其现代化应用的核心因素之一。

目前我国生土材料应用最为集中的西部地区，恰恰是地震等自然灾害多发区，对于房屋的安全性能要求更高。根据2009—2011年住房和城乡建设部村镇建设司组织的全国农村危房调查数据，截至2011年年底，全国农村危房率高达30%左右。在西北和西南地区，危房率高大多归因于当地的生土农房。据统计，在西部地区，中华人民共和国成立以来历次大地震中坏损或倒塌的农房半数以上为生土建筑。

抗压强度是反映墙体材料力学性能的一项重要参数。因土质构成和材料加工工艺的不同，用于墙体主材的传统生土材料的抗压强度差异较大。根据国内外研究者针对不同地区土质与工艺进行的立方体试块抗压试验，传统夯土的抗压强度通常为0.3~1.8MPa，材料表观密度为1200~2000kg/m³；传统土坯砖的抗压强度为1~2.1MPa，材料表观密度为1300~2100kg/m³。如图2.2-10所示，传统生土材料的抗压强度与烧结砖、混凝土等常规墙体材料相比，仍存在较大的差距。

传统生土材料耐候性差的问题，主要表现在生土墙体遇水强度下降、易干缩开裂，以及风蚀剥落、墙根碱蚀等方面。尽管吸湿过程对传统生土材料力学性能的影响十分有限，但如墙体表面长期存在液态水（如雨水），在湿胀干缩与冲刷的双重作用下，生土材料的表面强度会被极大削弱，如遇冬季冻融或迎风风蚀，生土墙整体的安全性甚至都会受到威胁。在非地震作用的自然状态下，根据观察，夯土、土坯墙体发生坏损甚至倒塌，多源于两个因素：屋顶漏水后雨水顺墙冲刷对墙体产生的破坏，或者墙基返潮后冻融、碱蚀的作用对墙基带来的破坏。（图2.2-11~图2.2-13）

传统生土材料的干缩现象也是一个需要特别重视的问题。如前所述，黏粒是土料中唯一兼具黏粘性和吸水性的构成。以传统夯土施工为例，黏粒吸水后体积膨胀，夯筑完成后，随着土墙逐渐干燥水分溢出，黏粒体积随之收缩，并使墙体内部产生收缩应力。加之墙体干燥是由外及内的过程，收缩应力最先发生于墙体表面，在内外收缩应力差的作用下，夯土墙极易从表面至内部产生干缩裂缝。（图2.2-14，图2.2-15）。

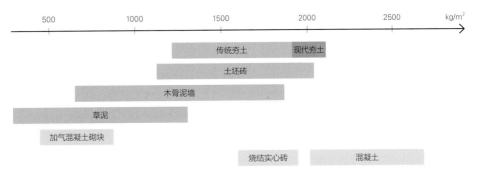

2.2-10　1

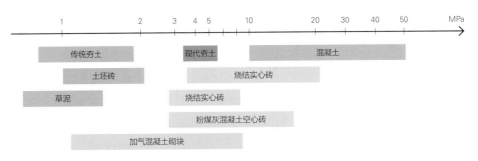

2

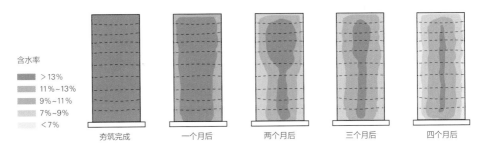

2.2-15

2.2-10　传统生土材料与常规建材的表观密度和立方体抗压强度对比：
　　　　（1）表观密度；（2）抗压强度
2.2-15　夯土墙干燥过程中墙面干缩缝的形成机理

因土料中黏粒的类型、黏粒含量、土料用水量的不同，干燥成形后的生土材料干缩率存在较大的差异。黏粒含量、用水量越高，干缩率通常越大；土料含有蒙脱石、蛭石等具极强湿胀性黏粒时，干缩率甚至高达20%。根据对各地传统建筑的观察统计，在没有采取抗干缩措施的情况下，土坯、生土抹面等多水加工型的传统生土材料，干缩率多在3%~12%之间；即使是传统夯土、土墼等"干"作业类型的材料，干缩率也多为0.4%~2%[8]13，远大于混凝土的干缩率（通常在0.03%~0.08%之间[32]）。就土坯、土墼等预制型生土材料工艺而言，干缩现象对于墙体以及建筑的影响不大。而对于需现场整体施工的夯土而言，如不采取有效的抗干缩措施，较高的干缩率

会导致墙面产生大量干缩裂缝，干缩率越高，裂缝越大且越密集。尤其在多雨潮湿地区，墙体表面的干缩裂缝会随着雨水的进入和侵蚀不断加深变大，甚至形成通缝，威胁到墙体和房屋的结构安全。（图2.2-16）

在过去农村居住生活质量要求普遍不高的情况下，传统生土材料存在的以上问题表现得并不突出。然而，随着人们居住生活要求的日益提升和工业化材料的大量普及，传统生土材料的这些不足就成为制约其进一步应用发展的明显缺陷。如今，在许多农户甚至地方政府的心目中，生土建筑即意味着农村危房，更是贫困落后的象征。（图2.2-17）

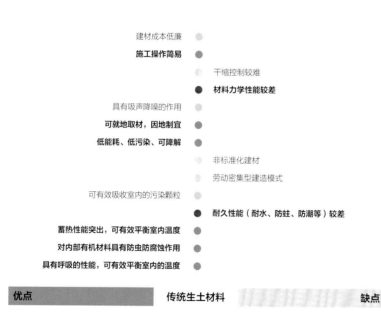

| 优点 | 传统生土材料 | 缺点 |

建材成本低廉
施工操作简易
干缩控制较难
材料力学性能较差
具有吸声降噪的作用
可就地取材，因地制宜
低能耗、低污染、可降解
非标准化建材
劳动密集型建造模式
可有效吸收室内的污染颗粒
耐久性能（耐水、防蛀、防潮等）较差
蓄热性能突出，可有效平衡室内温度
对内部有机材料具有防虫防腐蚀作用
具有呼吸的性能，可有效平衡室内的温度

2.2-17

2.2-17　传统生土材料的性能优势与缺陷

2.2-11　传统夯土墙墙基碱蚀破坏，甘肃会宁
2.2-12　屋顶漏雨导致土墙的雨水侵蚀破坏，四川绵阳
2.2-13　迎风夯土山墙风雨侵蚀破坏，重庆巫山
2.2-14　从干涸的地表可以清晰地看到黏粒的湿胀干缩作用（1~2）
2.2-16　雨水侵蚀多年后的夯土墙干缩裂缝（1~2）

2.3 生土营建工艺的优化与提升
Improvement and Upgrade of Earth-based Technology

材料性能优化
Performance Improvement of Materials

在全世界具有生土营建传统的地区，尽管土质差异较大，但人们经过探索与实践，逐渐掌握了含水率控制、辅料添加、加工处理、构造设计等措施，让就地可取的土料成为可用之材，满足相应的房屋营建需求，其中蕴含着大量具有科学合理性的经验智慧。根据国际生土建筑中心对全世界具有代表性的 12 种生土材料工艺的调查与量化分析，土料粒径构成与含水量控制是各类工艺土源选择与加工应用的关键。尽管各类工艺对

二者的要求差异较大，但不同地区同类工艺的做法却高度一致，完全符合生土材料的应用科学机理（图 2.31）。而现代生土材料优化，正是在对这些传统经验智慧的发掘、整理与量化评价的基础上，结合现代材料科学理论对生土材料所进行的科学凝练与系统提升。目前，根据科学机理的不同，生土材料性能优化的方法可归纳为物理改性和化学改性两类技术路径。

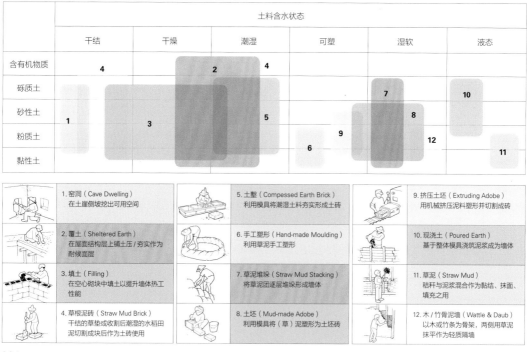

2.3-1

生土材料的物理改性

物理改性是指在生土原料中加入秸秆、麻绒、动物毛发等有机物或砂、石、火山石等无机物作为添加料，通过混合、压制等机械类加工所产生的物理作用，来提升生土材料的力学和耐候性能。物理改性对于生土材料性能的提升作用不及化学改性，但可以有效地保持传统生土材料在蓄热、吸湿、能耗、降解等方面的生态性能优势。因此，物理改性已成为欧美发达国家生土建筑实践中首选的技术改良途径，土砂石级配改性是其中应用最普遍也最具代表性的方法。

如前文所述，混凝土的原料构成为水泥、砂、砾石。其中，砂、石为骨料，水泥作为黏结剂，通过水化作用将骨料黏结在一起形成聚合物。而在大多数情况下，原状土也存在类似的构成：其中的石子、砂、粉粒为骨料，黏粒遇水后在毛细力作用下将骨料黏结形成一体。试验发现，传统生土材料存在的力学、耐水、干缩等性能缺陷，多缘于黏粒与骨料的构成比例、用水量和聚合密实度未达到其应用功能所需的理论最优状态。

以夯土为例，根据原状土粒径构成特点，在其中掺入相应比例的砂石，将混合土料的粒度分布调配到具有连续粒径构成特点的区间（图2.3-2），并在8%~12%的材料含水率条件下，利用气动或电动夯锤施加高强度的夯击，在黏粒的毛细力作用下便可使各粒径骨料紧密聚合，所形成的夯筑体密实度远高于传统夯土。如图2.3-3所示，土砂石级配优化后的夯土墙内部，各粒径土粒聚合形态（右图）甚至比混凝土密实，更接近于"阿波罗尼堆叠"模型（左图）所示意的超密实状态。在此状态下，新型夯土墙的力学性能与耐候性能均可得到大幅度的提升。根据我们的立方体抗压试验，以此原理形成的夯筑体，平均抗压强度可达2.5~3MPa，最高可达5MPa，是传统夯土强度的2~4倍，完全可以满足低层建筑承重墙体和框架结构建筑填充墙体的强度参数要求。由于其颗粒构成与混凝土类似（即以原土中的黏粒代替水泥作为黏结剂，与骨料形成聚合物），

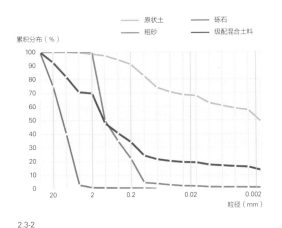

2.3-2

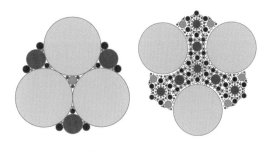

2.3-3

2.3-2　夯土材料级配优化粒度分布图
2.3-3　新型夯土墙中的各粒径土粒聚合状态示意图

这种新型夯土也被称为"生土混凝土"。

根据现代夯土材料优化原理，土料中的黏粒含量在8%~17%之间时，即可产生有效的骨料黏结作用[7]。根据取样分析，各地区传统工匠所青睐的生土原料，其黏粒含量均高于8%，高于17%的情况也较为普遍，完全可满足骨料黏结的需要。例如，福建南靖、永定土楼以及广东东莞碉楼所选用的黄土，黏粒含量甚至达到50%，土料具有极强的黏粘性。然而，如前文所述，黏粒是生土原料中唯一具有吸水性和湿胀干缩特点的成分，黏粒含量过多会导致夯土墙耐水能力下降、干缩率增大、极易产生干缩裂缝。这也是传统夯土耐水性能、抗冻融能力较差、表面干缩裂缝较多的主要原因之一。

此外，与混凝土构成类似，土料中的砂、石成分是夯土墙中的骨架，适当的砂石含量不仅可以提升夯土墙的力学性能，而且可以有效减缓墙体表面的水蚀和风蚀破坏。这一效果在我国南方地区传统夯土墙中表现明显。南方地区土壤中的砂石含量普遍高于因泥沙沉积形成的黄土高原地区，由此夯筑形成的夯土墙，历经数十年的风雨侵蚀后，在没有石子的部位，墙面向内侵蚀较为严重，而在石子较多的部位侵蚀破坏明显较小。如果将砂石含量按照级配原理进行调配，在高强度夯击下所形成的高密度聚合体，即使不做任何墙面保护处理，也可有效抵御一般雨水和风的侵蚀（不过仍需避免雨水集中顺墙流下的情况）。2012年，我们带领村民在甘肃会宁建设了第一栋现代夯土示范房，其中的迎风面墙体在无屋檐遮蔽的条件下，表面经风雨冲刷，建成一年后便显露出石子，但未有进一步的发展，保持此状态至今已有9年。马丁·劳奇（Martin Rauch）2008年于奥地利建成的夯土自宅，同样在无遮雨措施的情况下，迎风雨方向的墙面至今仍保持着稳定状态（图2.3-4）。

需要注意，不仅各地区土质差异较大，即便在同一个村落，土的粒径构成也不尽相同。因此，采用土砂石级配的生土材料改性措施，需要提前对现场备选土料进行粒径构成分析，并据此确定所需添加的砂石比例，从而使混合土料粒径构成达到最优级配区间。

2.3-4　迎风雨面夯土墙墙面状态：（1）马丁·劳奇自宅；（2）马岔村首栋示范房

生土材料的化学改性

生土材料的化学改性是指在土料中加入添加剂，通过化学反应来提升生土材料性能的方法。化学改性的方法在传统生土营建中的应用历史悠久，也较为普遍。红糖、糯米水、桐油、松香、动物血、粪便等有机类胶凝剂，以及熟石灰等矿物原料是国内外传统生土营建常用的添加剂，在土料中发挥胶凝作用，可以有效地提升生土材料的力学和耐候性能。根据考古发现[33]，我国大量墓葬、古建筑遗址的夯土或土坯材料中，大多含有糖类、蛋白质以及熟石灰成分。在华南、华中等多雨水地区的传统生土民居中，蒸煮后的糯米浆或经过发酵的淘米水常被加入土料中，可起到"生物胶水"的作用，增强土料的黏粘性，并在一定程度上降低生土材料的干缩率。从当今生态可持续的理念来看，这些传统改性剂的应用，可在提升生土材料性能的同时，有效地确保其生态性能不被破坏。

而随着现代材料工业的发展，人们已经无需耗费大量人力在自然界中获取所需改性剂原料。水泥、沥青、硅酸盐等化学工业制品，作为添加剂或固化剂，已被大量试验证明可以极大提升生土材料的力学和耐候性能。然而，这些化学工业类改性剂或固化剂会给土料带来"石化"作用，极大地削弱了传统生土材料的多孔性特点，及其带来的湿度、温度平衡效应。更重要的是，化学工业类制品不仅生产过程本身往往高能耗和高污染，而且对土料的改性效用有如不可逆的"熟化"作用，生土已不再"生"，而成为与混凝土、烧结砖相似的"熟"土，难以降解还于自然。有鉴于此，以马丁·劳奇、国际生土建筑中心为代表的国际生土建筑界，普遍提倡优先采用土砂石级配和生物类添加剂来提升生土材料性能。即使采用化学工业类添加剂，也应将其含量控制在可降解、低污染的范围内。例如，不超过5%的水泥添加含量，是国际生土建筑界普遍认同的生土依然属于"生"土的界定标准。

客观而言，对于生土材料性能优化，不论采用物理改性还是化学改性的技术途径，均各有优劣，具体的添加剂选用应根据实际的定位目标，综合分析加以权衡。例如，在抗震设防烈度较低的地区，土砂石级配的改性方法配合合理的构造设计，完全适用于1~2层墙体承重结构或框架结构建筑。当以生土的热工和生态性能的应用作为项目定位目标时，即使在多雨地区，也应首选通过"穿鞋带帽"的设计途径，采用土砂石级配或生物类改性的生土材料优化方法，即便不得不选用水泥、固化剂等化学工业类添加剂，也应尽可能降低其使用量，最大限度地保持其固有的源于"生"的性能优势。

现代夯土建筑设计与施工
Design and Construction of Modern Earthen Architecture

现代生土材料优化工艺与传统工艺的区别如同今天的纯棉制品与传统"土布"的关系。以夯土工艺为例，传统夯土就像过去人们穿的土布，用棉花土法手工织造，相对于丝绸绣缎而言，粗糙的布衣甚至象征着社会底层。而今，经过现代纺织工艺的革新发展，同样取自棉花的各类纯棉制品兼具美观与健康，成为人们日常使用最普遍、最贴身的布料。相类似地，现代夯土同样基于"夯"的原理，采用与传统夯土一样的原状土料，但由于整个施工工艺系统性的革新升级，在保有其固有的生态热工性能的同时，使得夯筑施工的效率，以及夯土墙的力学与耐候性能得到了极大提升 (图2.3-5)。

如前文所述，现代夯土工艺与传统夯土的核心差异，在于夯筑原料的土砂石级配和基于机械夯筑的现代机具的引入，这对夯筑施工体系和机具系统提出了更高的要求 (表2.3-1)。能抵御机械夯筑的高冲击力、灵活易用的模板体系与相应的施工方法，是其中的关键环节。椽筑和版筑是我国传统夯土技术中最常见的两种模板系统，但二者的刚度均不足以抵御气动或电动夯锤所带来的侧向冲击力。在欧美发达国家，现代夯土施工普遍采用的是以"DOKA"为代表的混凝土铝镁合金模板体系。这一模板体系尽管具有质量轻、强度高、组装灵活、操作简易等优点，但价格高昂，主要适用于对效果要求更高且有预算保障的公共类建筑。我们曾尝试利用我国市场上常见的钢模板体系，但经过试验发现，其抗侧向冲击的能力依然不足，需做大量拉结、支撑与紧固措施，费时费工，成本反而更高，并不适用于农村相对粗放的施工模式。有鉴于此，我们根据西部贫困农村地区的现状条件，通过大量的市场调研和多轮加工试验，最终选择利用竹胶板、型钢、螺杆等村镇建材市场常见的材料，设计加工形成了一套新型模板体系 (图2.3-6)。该体系组装灵活，操作简易，可直接夯筑 T 形、L 形、I 形墙体，进一步加强了传统夯土房屋墙体转角和 T 形交接等薄弱环节的力学强度。与此同时，为应对室内设计中夯筑工艺应用的要求，我们进一步研究开发了薄壁夯筑施工技术及相应的模板体系，依托基墙可实现最小仅为 6cm 的夯筑厚度，以及更为精细且层次丰富的表面肌理效果。

在夯土建筑结构抗震设计方面，目前我国尚无专门的技术规范和标准，也缺乏相关的研究试验数据。我国西部具有夯土建造传统的农村，多位于地震多发地带，加之人们对传统夯土民居抗震性能的普遍担忧，使得基于现代夯土技术的建筑结构体系研究至关重要。依据现代夯土墙体可具备的力学性能、夯筑施工特点，以及农村地区对于建筑空间布局及形式的共性需求，结合我国现行的农房结构抗震技术要求，我们对夯土建筑结构及构造体系进行了系统的梳理分析，以低造价、易施工为原则，进行系统优化，从而提出了一套基于夯土墙承重结构体系的结构设计策略，包括适宜性建筑体形系数的控制、构造柱—圈梁—配筋砂浆带的抗震协同，以及墙体间交

色彩

肌理

质感

强度

干缩

外力作用

干燥过程

水分控制

结构构造

土料构成

施工机具

2.3-5

	传统夯土技术体系	现代夯土技术体系
基础原料	原状土 常较少处理，直接使用	根据土质特点进行土砂石级配混合 可大幅提升力学、耐水、抗干缩性能
所需水量	相对较大 以获得所需黏粘性，但导致更大的干缩率	原料含水率仅需 8%~10% 使得干缩率较小，且尤其适合缺水地区
材料制备	通常仅做人工粉碎处理 效率低，粉碎效果有限	粉碎机、搅拌机 土料混合更为高效充分
夯筑工具	手动夯锤 夯土难以达到较高的密实度与力学强度	气动 / 电动夯锤 高效省力，夯击强度是手动夯锤的 5~10 倍
夯筑模板	木椽 / 木板 操作简易，但强度与施工精确度较差	现代模板体系 组装灵活，精确度高，能够抵御机械夯锤的冲击力
施工难度	简单易行 多数中老年村民工匠具有建造经验	简单易行，但需培训 培训 1 天便可上手夯筑
夯土成本	材料成本低廉 人工成本占总成本的 70% 以上	成本变化区间较大 因所需施工效果的差异导致人工成本变化区间较大

表 2.3-1

2.3-5　现代夯土建筑设计与施工所需综合研究的关联要素
表 2.3-1　现代夯土与传统夯土的工艺对比

接、墙体与屋面、墙体与基础部位的构造措施等方面。以此为基础，我们以平屋顶和坡屋顶两种常规的建筑形式搭建实体模型，开展了一系列振动台试验，以论证其抗震性能^(图2.3-7)。试验结果显示，基于该结构体系的新型夯土房屋，完全可以满足我国8.5度抗震设防烈度的要求，实现"小震不坏、中震可修、大震不倒"的抗震设防目标。通过近年来持续的试验研究和项目实践积累，我们进而针对墙承重与框架结构两种常见的建筑结构类型，将这一系统不断升级拓展，目前已形成了可满足多种设计需要与效果定位的一系列构造系统及其相应的施工方法。以400mm厚的自承重夯土墙为例，其可实现高度已从初期的6m达到15m。

历经欧美发达国家过去30多年的实践优化，以及我们近年来针对城乡建设的本土化研究与实践探索，现代夯土建造技术与施工工艺体系已基本成熟，并显现出突出的生态效益、普遍的地域适应性与丰富多元的应用潜力。在机械化机具的辅助下，新型夯土墙的施工效率高于传统夯土，且技术门槛不高，普通村民经过1天的培训便可上手操作，通过一个示范房全施工流程的历练，便可全面掌握。

现代生土作为一种新的"老"材料，经过革新升级，为设计师提供了广阔的应用空间。在欧美一些国家，生土工艺已广泛应用于普通住宅、度假别墅、景观小品、室内装修、工艺饰品，甚至大型公共建筑的设计与施工，显现出独具特色且形式多样的表现效果^(图2.3-8)。然而，现代生土材料及其工艺仍属于介乎手艺和建造技术之间的工艺类型，如同其他建材一样，兼具优点和相对缺陷。尤其其手工艺的属性，使现代生土施工因所需工艺品质的定位不同，设计投入和实施过程的人力投入存在较大的差异，导致其建筑造价存在较大差异，如村民自建农宅平均造价仅为常规砖混房屋的2/3，而大型公共建筑或室内装修项目的施工成本则可达常规建材的1.5~3倍。

更重要的是，现代工艺使生土材料的力学和耐候性能尽管得到了极大提升，但客观而言，其与混凝土、烧结砖等现代工业化材料相比，仍存在一定的差距。这就需要建筑师根据项目的需求定位和设计目标进行综合评估，并通过建筑设计研究，找到最适宜的技术解决方案和设计表现语言。以普通农宅为例，适宜农房自建的技术门槛不高，想把夯土做"成"并不难，但要想做"好"，却并不简单。如需要达到公共建筑所需的工艺品质要求，就需要针对结构体系、构造系统、施工机具、施工方法，以及混合土料的级配构成、水分控制、干燥过程等一系列相互关联甚至相互制约的影响要素进行系统研究和平衡，以规避夯土在力学强度、干缩和耐候性能方面的缺陷，实现所需的材料色彩、肌理、形式等方面的设计目标。

2.3-6 土上工作室研发或引入的三类夯筑模板系统：（1）适用于高质量施工的现代铝镁合金模板体系；（2）适用于农村粗放型建设模式的夯筑模板体系；（3）适用于室内精细化作业的薄壁夯筑模板体系

2.3-7 夯土墙承重结构体系振动台模拟试验：（1）坡屋顶与平屋顶夯土房试验模型；（2）当震动能量达到8.5度地震设防烈度时，墙面仅出现少量轻微裂缝

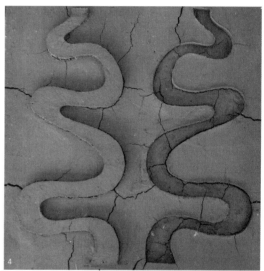

2.3-8   现代生土工艺丰富多元的表现形式（1~8）

第 3 章

国际当代生土建筑发展动态

Development of Global Contemporary Earthen Architecture

3.1-1　联合国教科文组织"生土建筑、文化与可持续发展"教席成员机构分布

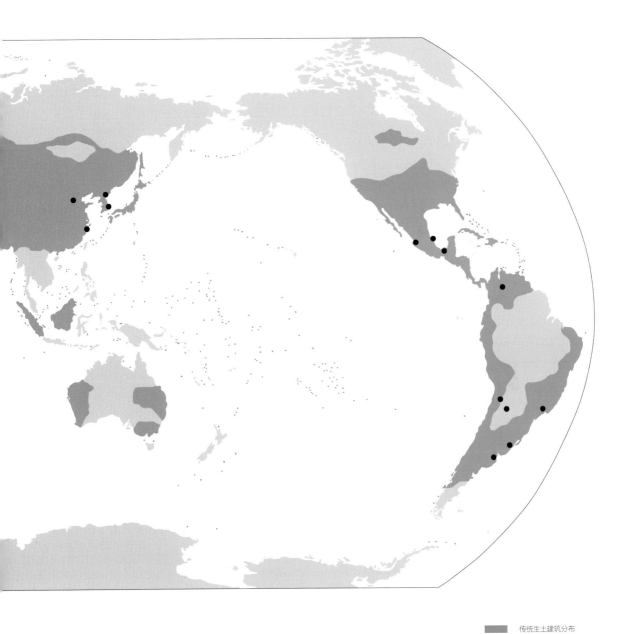

■ 传统生土建筑分布

● 联合国教科文组织"生土建筑、文化与可持续发展"教席成员机构分布

3.1 基础研究与标准制定
Fundamental Research and Standard Establishment

生土建筑不仅在我国，在全世界也是应用历史最悠久且分布最为广泛的传统建筑形式。据联合国教科文组织于 21 世纪初统计，全球仍有超过 20 亿人口居住在多种形式的生土建筑之中。

自 20 世纪 70 年代第一次全球能源危机开始，随着绿色建筑研究的兴起和快速发展，传统生土建筑突出的生态效益和普遍的地域适应性，受到建筑学界的广泛关注。以位于法国的"国际生土建筑中心"（CRATerre-ENSAG）为代表的发达国家的研究机构，70 年代便着手展开对于传统生土建筑技术的革新应用研究。这些机构通过大量系统的基础研究试验，已取得了具有突破性的研究成果，有效克服了传统生土材料在力学和耐候性能等方面的固有缺陷，形成了适用于绝大多数土质类型、具有广泛应用价值的一系列生土材料性能优化理论及相关应用技术，并通过世界范围内的工程实践的验证，如今已走向成熟。现代生土材料及其建造技术已被公认为是实现绿色建筑最有效的技术路径之一，受到全球尤其是发达国家研究机构及政府的广泛关注和支持。1998 年，联合国教科文组织专门成立了"生土建筑、文化与可持续发展"教席（UNESCO Chair in Earth Architecture, Culture and Sustainable Development），旨在联合全球的科研机构，共同推动相关领域的研究、教育和推广。该教席的名称正反映出国际机构对于生土建筑的研究定位。目前全世界已有 46 所高校或科研机构加入该教席，包括中国美术学院和北京建筑大学。（图 3.1-1）

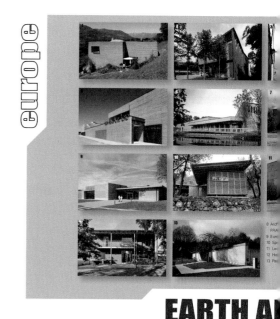

3.1-2　国际当代生土建筑代表案例分布

1. 马岔村民活动中心, 中国
2. 毛寺生态小学, 中国
3. 马鞍桥震后村庄重建, 中国
4 The Musterers' Quarters, AUSTRALIA
5 DESI Training Center fou Electricians,
   BANGLADESH
6 中国美术学院象山校区, 中国

1. Rauch Family Home, AUSTRIA
2 Center for Applied Ecology, CHILI
3 21st Century Vernacular House, SPAIN
4 Earthen Columbarium, AUSTRIA
5 Toro Municipal Swimming Pool, SPAIN
6 Swiss Ornithologicsl Institute Visitor Center,
  SWITZERLAND
7 Ricola Kräuterzentrum, SWITZERLAND

etation Center,
vatory, FRANCE
CE

E

7 Huay Pang Meng Temple, THAILAND
8 RACV Golf Resort, AUSTARLIA
9 Cam Thanh Community Center, VIETNAM
10 Panyaden School, THAILAND
11 Willaroo Farmhouse, AUSTRALIA
12 Phoolna Community Hall and Teachers' Housing,
   INDIA
13 Cardrona Valley House, NEW ZEALAND

australia

国际当代生土建筑代表案例

aflica

nia, USA
J
BIA
Gallery, ECUADOR

enter, USA
XICO

9 Interpretation Center, PERU
10 "EARTH WALLS" Installation, USA
11 Sabinos House-Workshop, MEXICO
12 Rueo Choro Artsanal Wine-Making Pavilion,
   CHILI
13 Country Home, ECUADOR
13 Country Home, ECUADOR

1-2 Païamboué Middle School, NEW CALEDONIA
3 Renovation of Al Jahili Fort, ABU DHABI
4-5 CBF Women's Health Center,
    BURKINA FASO
6 Koudougou Central Market, BURKINA FASO
7 Keur Leah House, SENEGAL
8 Palm Grove Villa, MOROCCO

9 "Stairway to Heaven" and "City of Orion",
  MOROCCO
10 Schapl 2011, SOUTH AFRICA
11 Steel-Earth School of Sewing, NIGER
12 Kindergarten, MOROCCO
13 Villa Janna – Le Centre de la Terre,
   MOROCCO

目前，国际现代生土建筑实践呈现出两大发展趋势。其一，针对欠发达地区的民生问题，追求可就地取材、低造价、安全耐久、便于人力施工的高性价比适宜性建造技术。联合国教科文组织生土建筑教席网络在非洲、印度、巴西、埃及等发展中国家或地区所取得的研究推广成果，便是其中的典型代表。其二，充分强化和发掘新型生土材料的环保节能特性和全新多元的材料表现效果，作为一项高性价比的生态建筑技术，与住宅、公建等多种现代建筑设计体系有机结合，以全面提升建筑环境综合效能。近二十年来在欧美发达国家大量涌现的生土别墅、医院、教堂、博物馆、制药厂等类型日趋多元的现代生土建筑项目，以及在历年国际建筑大奖中频繁出现的生土建筑获奖案例，均是这一趋势的具体表现。(图3.1-2)

随着现代生土建筑研究与实践的蓬勃发展，目前包括美国、德国、西班牙、新西兰、澳大利亚等国在内的至少19个国家或地区先后颁布了40余部生土建筑相关的规范、标准或技术导则[34]，内容涉及生土材料及其性能指标、建筑与结构设计、施工工艺等方面，对于各地区规范生土建筑建设并促进其良性发展发挥了至关重要的作用。

法国是开展生土材料性能优化研究与实践最早的国家之一，目前也在该领域处于国际公认的领先地位。联合国教科文组织"生土建筑、文化与可持续发展"教席的牵头机构——位于法国格勒诺布尔市的国际生土建筑中心，可谓国际生土建筑领域最具影响力的权威机构。自20世纪70年代开始，该中心基于现代材料科学理论，对传统生土材料优化机理进行了系统的基础试验研究，形成了一系列仅需调整原土土质构成关系、无需化工改性剂的现代生土材料优化理论体系。该理论体系适用于绝大多数土质类型，以及夯土墙、生土砌块、生土黏结材料、生土装饰材料等多种工艺类型，具有里程碑意义。历经数十年的

更新完善和实践检验，并依托《生土建造：综合指导》和《用土建造：从尘埃到建筑》两本著作的出版[7][35]，该体系已成为全世界现代生土材料和建造技术研究、实践的重要理论基础。该中心在法国文化部、欧盟以及联合国教科文组织的支持下，面向国际建成了首个从本科、硕士直至专业培训的全系列生土建筑教育培训系统，并联合教席各成员机构定期举行"生土建造节"（Earth Architecture Festival），每年都会吸引来自世界各地的大量专业人员前去交流学习（图3.1-3）。2001年，法国标准化协会（Association Française de Normalisation, AFNOR）针对压制土砖建筑正式出版发行了首部生土建筑规范《压制土砖墙：定义、检测方法与验收条件》[36]。目前，另一部夯土建筑规范正在编订之中。

美国在现代生土建筑研究与实践方面也处于国际前沿。在"土坯行动"（Adobe in Action）等专业机构的推动下，尤其在新墨西哥州、得克萨斯州、亚利桑那州，甚至地震频发的加利福尼亚地区，生土建筑技术的改良和实践应用已逐渐走向市场化和半工业化，以生土为材甚至已成为诸多豪宅别墅、公共建筑建设所热衷的时尚，斯坦福大学温德豪沃尔冥想中心（Windhover Contemplative Center）、亚利桑那州索诺兰保护区游客中心、卡尔德拉（Caldera）住宅等是其中的典型代表。在标准制定方面，早在20世纪40年代，美国国家标准局（National Bureau of Standards）便出版发行了首批生土建筑规范。70年代，这些规范经得克萨斯州、新墨西哥州、犹他州、亚利桑那州、加利福尼亚州、科罗拉多州的更新修订，再次发展成为更高级别的统一建筑规范（Uniform Building Code）。鉴于土坯建筑在地震多发的美国中西部地区应用较为普遍，土坯建筑技术和抗震设计成为其中的核心内容。随着相关建设项目逐渐增多，1991年，美国新墨西哥州建设局（General Construction Bureau）进一步更

新颁布了《新墨西哥州土坯与夯土建筑规范》[37]，其中对承重土墙选用何种质量的土、生土构件的制作要求、生土材料应达到的技术指标等作了详细规定，在生土建筑设计构造方面提出量化指标，改善了仅凭经验建造生土建筑的低水平状况。2009 年，新墨西哥州公共记录委员会（New Mexico State Commission of Public Records）再次颁布了更为具体的《新墨西哥州生土建筑材料规范》[38]，并于 2015 年作了补充修订。美国材料实验协会（American Society of Testing Materials, ASTM）也于 2005 年从生态可持续建造的角度，编订颁布了《生土墙建筑系统设计指导标准》，并于 2016 年再次修订 [39]。

澳大利亚是最早在国家层面推动现代生土建筑发展的发达国家之一。早在 1952 年，澳大利亚工程与房屋署便正式颁布了首部生土建筑技术指引《生土墙建造：夯土、土坯与改性生土》[40]，其中囊括夯土、土坯、草泥等多种工艺类型。以此为开端，随着相关研究和实践的不断拓展，历经 1976 年、1981 年、1987 年的多次修订再版，该技术指引不断完善，部分内容已被澳大利亚建筑规范正式引用。2002 年，澳大利亚国家标准化组织（Standards Australia）正式出版了更为专业系统的《澳大利亚生土建筑手册》[41]。该手册主要针对两层及以下的生土建筑设计与建造相关的原则、策略、方法进行了系统阐述，涉及夯土、土坯、压制土砖等多类生土工艺类型。尽管其中内容多以建议形式出现，但为下一步完善形成技术标准奠定了良好的基础。

新西兰在生土建筑标准制定方面更为系统。1998 年，新西兰国家标准化组织（Standards New Zealand）颁布了三部互为支撑的生土建筑规范：《生土建筑工程设计 NZS 4297：1998》[42]、《生土建筑材料和施工工艺 NZS 4298：1998》[43] 和《非专门设计的生土建筑 NZS 4299：1998》[44]。其中，"NZS 4297"是生土建筑设计标准，从地震带、材料强度等级、设计方法、房屋高度等方面阐述了设计应遵循的原则；"NZS 4298"是生土材料及工艺标准，主要介绍土料选择、确定强度及耐久度等的标准试验方法；"NZS 4299"是生土构造设计标准，介绍生土建筑设计必须遵循的一些硬性标准，如不同抗震设防烈度区采用不同的房屋高度限值等。2020 年，三部规范获得再编颁布 [45]-[47]，其中的"NZS 4298"更名为"生土建筑材料与施工"。

德国一直有生土与木材相结合的建造传统。德国政府非常重视生土建筑质量保证体系的制定与执行。早在 1944 年德国标准化学会（Deutsches Institut für Normung，DIN）便制定了第一部相关规范，并在 1951 年正式颁布《DIN 18951 生土建筑规范》（DIN 18951 Lehmbauordnung）。该规范在 1971 年被废止，但随着生态可持续发展理念逐渐深入人心，进入 20 世纪 80 年代，生土建筑的生态特性再次受到德国建筑界的关注。1992 年，德国国家生土建筑协会（Dachverband Lehm e. V.，DLV）正式成立，于 1999 年出版了《生土建筑规程：术语、材料与构造》[48]，并获得德国国家建筑管理局（German National Building Authority）的认证。以此为基础，在德国生土建筑协会的推动下，2018 年德国标准化协会正式颁布了六部国家级的生土建筑专项规范 [49]-[54]，内容涵盖了生土材料分析检测、生土砖技术、生土砌筑砂浆、生土抹面砂浆、生土板材等诸多方面。该系列规范目前已成为欧盟通行的生土建筑标准。

瑞士工程师与建筑师协会（SIA）于 1994 年出版发行了《生土建筑系列规程 D 0111》（Regulations for Building with Earth D 0111），并以此为基础形成了"生土建筑地图集"（Earth Building Atlas）。受瑞士联邦能源办公室的委托，苏黎世联邦理工学院的研究团队又进一步更新完善了这些规程。

土耳其国家标准化协会也于20世纪80—90年代，先后出版发行了三部土坯建筑技术规范并沿用至今[55]-[57]，内容涉及生土材料检测、改性土坯制备、土坯建筑设计与施工等方面。

西班牙公共工程与运输部于1992年颁布了首部生土建筑规范《墙体设计与施工基础》[58]，内容涵盖了以夯土和土坯为主材的建筑设计、结构构造、施工控制等内容。2008年，西班牙标准与认证协会（Asociación Española de Normalisación y Certificación，AENOR）编写发行了《压制土砖墙的定义、规范与测试方法》[59]，这也是欧洲首部达到欧盟建筑标准级别的生土建筑规范。

印度在生土建筑领域取得的研究成果和经验，尤其值得贫困农村地区借鉴。印度至今仍有近60%的人口居住在各种形式的生土建筑之中，主要集中于农村地区。著名的生土研究机构奥罗生土中心（The Auroville Earth Institute）于20世纪70年代在印度政府资助下成立，历经40年的发展，研究出了一系列基于高强度生土压制砖（Compressed Stabilized Earth Block，CSEB）系统的生土建造技术。该系统以石灰或水泥作为改性材料，使土坯砖的耐候性和力学性能得到了质的提升。改良后的土砖有70多种规格，可以用来制作承重墙体、承重砖柱、基础，甚至过梁等结构构件。砌筑过程中，通过材料预留孔洞，并结合钢筋和少量水泥黏结剂的使用，生土承重构件的力学性能和房屋的整体抗震性能可得到进一步加强。基于此墙承重结构系统建造的房屋最高可以达到六层。该技术体系在当地已被广泛运用于普通住宅以及学校、办公楼、工厂、活动中心等公共建筑，其造价平均仅为砖砌体结构房屋的80%~85%。通过技术培训和低价出租施工工具，该技术已成功推广到数十万农户，这为经济条件较差、人口密集的农村地区带来了巨大的经济、环境和社会效益。该中心已成为面向全世界尤其是第三世界国家的生土建造技术培训中心，其施工工具甚至销往发达国家。在标准编制方面，印度标准局（Bureau of Indian Standards）于1981年颁布了针对夯土建造的《泥土混凝土（Soil-Cement）建筑施工技术规范》[60]，经1991年、1998年两次修订沿用至今。1993年，印度标准局又编制了另一部更为系统的规范——《生土建筑抗震技术导则》[61]，涉及草泥球、生土砖、夯土等建造工艺及其建筑抗震设计等方面。

在非洲，生土至今仍然是广泛采用的建筑材料。在国际生土建筑中心的推动和非洲、加勒比和太平洋地区国家集团（ACP）的资助下，自1996年起，非洲地区标准化组织（African Regional Organization for Standardization，ARSO）面向非洲地区先后编订发行了一系列生土建筑标准[62]-[64]，搭建了系统的土坯砖建筑技术规范体系。以此作为开端，突尼斯、津巴布韦、尼日利亚、肯尼亚、摩洛哥、埃及等非洲国家也先后颁布了国家或区域级的系列生土建筑规范，涉及夯土、土坯、改性压制砖、草泥球等生土建筑工艺。

此外，吉尔吉斯斯坦、巴西、秘鲁、土耳其、哥斯达黎加、墨西哥等具有生土建造传统的国家，也先后出台了生土建筑设计与施工相关的规范或导则，对于促进当地生土建筑的研究与实践发挥了重要的推动作用。

3.1-3　国际生土建筑中心每年一度的"生土建筑节"（1~6）

3.2 生土营建工艺当代应用实践案例
Contemporary Practical Cases of Earthen Construction Technology Utilization

　　随着生土材料及相关建造技术研究的长足发展，近 40 年来世界各地涌现出大量兼具现代美感和技术品质的当代生土建筑实践案例。越来越多的研究与专业人员开始重新探索这一高生态性价比的传统自然材料具有的多种应用潜力。2015 年，联合国教科文组织"生土建筑、文化与可持续发展"教席、法国国际生土建筑中心牵头，在国际建筑师协会等专业机构的支持下，发起了国际首个以生土建筑为主题的专业奖项：TERRA 当代生土建筑大奖（TERRA Award）。该奖项旨在诠释生土材料的现代性，在促进其发展的同时，肯定以生土为材料设计建筑的建筑师、业主、工匠及施工人员的贡献。

　　该奖项面向 2000 年后建成的当代生土建筑实践项目。2016 年 1 月，初选评委从来自 67 个国家的 357 个候选项目中评选出 40 个入围项目，并根据功能定位将其划分为独立住宅、集合住宅、公共文化、专业培训等八个大类。2016 年

7 月，由王澍担任主席的国际终审评审团，从这 40 个项目中分别评选出八个类别的专业大奖。其中，我们开展的"毛寺生态实验小学"和"马鞍桥村震后重建综合示范"两个项目获选入围，后者最终获得"建筑与地方发展"类别大奖。该奖项颁布后，目前已在欧洲、北美洲、非洲多个国家举行了一系列入围及获奖作品巡回展览，为推动现代生土建筑的大众认知与专业发展产生了积极的作用。在联合国教科文组织"生土建筑、文化与可持续发展"教席的授权下，我们将该展览的内容，引入分别在 2017 年 9—11 月与 2018 年 9—10 月于北京和香港举行的"现代生土建筑实践京港双城展"。在此，从该展览中节选出具有代表性的实践案例，按所应用的生土工艺类型进行呈现，以期使人们对于国际生土建筑实践的现状与发展趋势形成一个总体的认识。

3.2-0

3.2-0   Terra 2016 世界大会在里昂召开

夯土
Rammed-earth

21 世纪地域住宅
21st Century Vernacular House

西班牙，阿耶韦

Ayerbe, Spain

建造时间：2014 年

建筑面积：276 ㎡

工艺类别：夯土

土墙角色：承重

业主：Alejandro Ascaso Sarasa, Angels Castellarnau Visus

建筑师：Angels Castellarnau Visus

生土施工：Construcciones Salinero S. L.

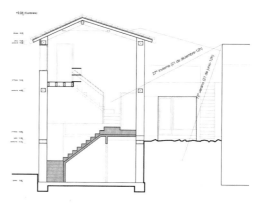

3.2-4

　　阿耶韦村位于西班牙北部，长期受到农村人口流失和传统技术衰败的困扰。建筑师 Angels Castellarnau Visus 希望通过她的住宅项目唤起社区对传统建造工艺的兴趣，探索与现代建筑设计相结合的房屋营建方法。该项目的设计概念源于对当地传统建筑的深入研究。建筑形式与朝向沿袭了当地传统营建习惯，并通过与被动式太阳能系统相结合，充分利用生土、石材、木材、绵羊毛、秸秆等地方自然材料资源，以实现良好的建筑热工性能与节能效应。房屋采用夯土墙承重结构体系，夯土与作为绝热材料的天然软木相结合，使外围护结构的保温性能得到进一步提升。夯土施工在专业人员的带领和指导下，由住户自组织实施完成。房屋主体材料源于当地可得的自然材料资源，熟石灰、水泥等工业化建材的应用占比仅为 20%。根据建筑生命周期分析，该建筑的碳排放仅为当地常规建造方式的 50%。该项目获得 2016TERRA 当代生土建筑奖个人住宅类别大奖。

（图 3.2-1~图 3.2-4）

3.2-1

3.2-2

3.2-3

3.2-1　　建筑西、南立面
3.2-2　　通过气动夯锤、砂石级配和秸秆添加提升夯土墙力学性能
3.2-3　　夯土墙厚度 45cm
3.2-4　　剖面图

卡尔德拉住宅
Casa Caldera

美国，亚利桑那州圣拉斐尔谷
San Rafael, Arizona, United States

建造时间：2015 年
建筑面积：71 ㎡
工艺类别：火山灰改性夯土
土墙角色：承重
业主：Peter Toot
建筑师：DUST
生土施工：DUST

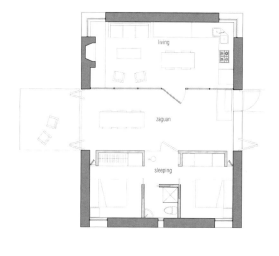

3.2-8

　　圣拉斐尔谷毗邻墨西哥边界，业主希望能为狩猎者在这荒凉苍寂的沙漠边缘景观中，营造一个宁静、温暖的庇护之所。

　　建筑对外拥有开阔的视野，但同时消隐于山坡下的牧草丛中。为满足业主对于户外起居和睡眠空间的需要，建筑师巧妙利用了以"Zaguán"（通廊）为组织核心的当地传统民居布局模式：起居中庭在西侧附带露台，且可对室外全面开启，不仅充分引入了室外景观，而且在当地较大的昼夜温差条件下，也能为其他功能发挥气候缓冲与调节作用。在炎热的白天，Zaguán 所有门窗可充分打开以引入自然通风降温；夜晚降温时，关闭门窗，利用餐厨余热、白天外围护墙体蓄热以及壁炉柴火，可保持室内温度的相对平稳。外围护墙体兼做承重墙，采用当地可得的红色火山渣、粉状火山岩以及少量水泥的混合物作为主材，加水混合成流体后，按每层 30~40cm 厚分次浇筑至墙体模具中，并用木夯锤压实，干燥固化后拆板成形。这一工艺兼具夯土和现浇生土的特点。整栋建筑所有构件均采用定制加工，并由 DUST 团队中的建筑师、工匠、艺术家在现场共同组装建造完成。（图 3.2-5~ 图 3.2-8）

3.2-5

3.2-6

3.2-7

3.2-5　建筑坐落于背靠橡树林的坡地之上
3.2-6　墙体施工所采用的火山渣混合料浇筑压制工艺是 Paul Schwam
　　　　于 20 世纪 90 年代发明的
3.2-7　半室外通廊 Zaguán
3.2-8　平面图

卡德罗纳山谷住宅
Cardrona Valley House

新西兰，瓦纳卡

Wanaka, New Zealand

建造时间：2014 年
建筑面积：290 ㎡
工艺类别：水泥改性夯土
土墙角色：承重
业主：Stu and Mel Pinfold
建筑师：Assembly Architects Limited, Justin and Louise Wright
生土施工：Down to Earth Building

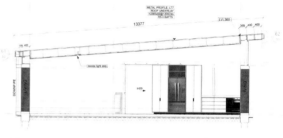

3.2-12

3.2-11

　　该住宅坐落于新西兰南部的卡德罗纳山谷。夯土墙的厚重与玻璃的透明在此形成诗意对比。整套住宅分为三部分，分别朝向不同方向，让人得以领略丰富多变的山峦美景。建筑共有两层，三间卧室与起居室通过入口门厅联系展开，门厅与车库上部为客房。兼作承重结构的外围护墙为水泥改性夯土墙，夯土墙内部采用预应力钢筋拉杆系统，大幅提升了抗震性能。（图 3.2-9~ 图 3.2-12 ）

3.2-9

3.2-10

3.2-9　　夯土之封闭厚重与玻璃之透明轻盈的对比融合
3.2-10　 临街一侧高窗的应用兼顾了自然采光与隐私保护
3.2-11　 夯土墙基底映衬下的室内温馨
3.2-12　 剖面图

牧工住宅
The Musterers' Quarters

澳大利亚，皮尔巴拉

Pilbara, Australia

建造时间：2014 年

建筑面积：575 ㎡

工艺类别：改性夯土

土墙角色：承重

业主：私人

建筑师：Luigi Rosselli

生土施工：Murchison Stabilized Earth Pty Ltd

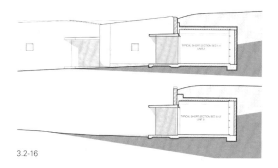

3.2-16

　　该项目位于澳大利亚皮尔巴拉的牧场区，旨在为集中工作的牧场工人提供季节性的短期住宿空间。

　　建筑采用覆土形式，并以拥有南半球最长的夯土墙而著称。长达 230m 的夯土墙作为唯一立面，蜿蜒曲折地将 12 栋住房串联围合成整体。夯土墙兼做承重结构，厚 450mm，采用就地可得且富含铁元素的砂性土为主原料，级配所需的砾石采集自附近的河床，并添加少量水泥进一步提升性能。在当地亚热带气候条件下，顶部厚重的覆土与南侧厚实的夯土墙扮演着蓄热体角色，加之仅有单侧对外的建筑形态，使得室内始终保持着稳定的凉爽舒适状态。该项目获得 2016TERRA 当代生土建筑奖集合住宅类别大奖。

（图 3.2-13～图 3.2-16）

3.2-13

3.2-14

3.2-15

3.2-13　长达 230m 的夯土墙将所有住房串联围合成整体

3.2-14　450mm 厚的夯土墙作为理想的蓄热体,使得室内始终保持着
　　　　稳定的凉爽舒适状态

3.2-15　每套住房都拥有一个视野开阔且互不干扰的休憩露台

3.2-16　剖面图

帕依阿姆布依中学
Païamboué Middle School

新喀里多尼亚，科内

Kone, New Caledonia

建造时间：2015 年

建筑面积：5760 ㎡

工艺类别：改性夯土

土墙角色：非承重

业主：新喀里多尼亚北方省政府

建筑师：André Berthier, Joseph Frassanito, Espaces Libres（K'ADH）

技术顾问：DoMEnE, Willier Ingénierie

生土施工：Alternative Constructions

帕依阿姆布依中学可满足 400 名学生的日常学习生活需求，校区内包含六个教学及行政单元和一个运动场。该中学是由当地政府推动建设的标杆性绿色建筑项目。因此，校舍设计着重通过本地材料的可持续创新应用，以及与场地地形环境的充分融合，来实现多项可持续设计目标。夯土围护墙、木框架结构以及当地自然材料的利用，是实现低碳排放、低能耗、低环境扰动目标最有效的技术策略。夯土墙作为围护结构，厚 400mm，通过土砂石级配和少量水泥添加进行改性提升。在当地热带气候条件下，夯土墙围护结构突出的热工性能不仅使室内更加凉爽舒适，也使校舍的运行能耗低至当地常规建筑的 60%。该项目获得 2016TERRA 当代生土建筑奖康体类别大奖。（图 3.2-17~ 图 3.2-19 ）

3.2-17　该项目已成为示范标杆，带动了更多的夯土建造项目
3.2-18　夯土外墙全长 286m，高 7~11m，由 6 名工匠在 6 个月内施
　　　　工完成
3.2-19　经试验评估，夯土墙达到了当地规范要求的各项力学性能指标

托罗市公共游泳馆
Toro Municipal Swimming Pool

西班牙，托罗

Toro, Spain

建造时间：2010 年

建筑面积：2441 ㎡

工艺类别：改性夯土

土墙角色：承重

业主：托罗市政厅

建筑师：Vier Arquitectos

生土施工：Ferrovial Agroman

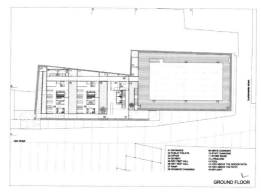

3.2-23

　　游泳馆毗邻托罗古城中心区。市政府希望该建筑作为新的元素和城市遗产，能够融入古城浓郁的历史氛围。为此，设计力图通过简洁朴素的处理方法以及现代建筑语言，实现托罗古城历史文脉的延续和发展。

　　游泳馆采用夯土墙作为外围护及承重结构，延续了西班牙夯土城堡的传统，但以全新的形式呈现于当下。夯土墙利用现场基础工程与水池开挖产生的渣土作为主要原料，通过添加砂石级配、少量水泥和熟石灰改性，使夯土墙抗压强度达到 2MPa。同时，混合土料中加入了液体防水剂，并在墙体表面涂刷了含有机灭菌剂和灭藻剂的疏水涂料，在实现表面防水的同时，仍保持夯土墙可以"呼吸"，发挥夯土墙平衡室内温度和湿度的性能优势，以应对常规游泳馆内部的湿热环境挑战。夯土墙施工并未追求墙体表面的精细化，而是自然呈现出模板印迹和夯土层叠的肌理，在天窗阳光的映衬下，粗糙的墙面肌理与其他细腻的现代构件形成鲜明的对比，与水中倒影连成一体，相映成趣。（图3.2-20~图3.2-23）

3.2-20　阳光映衬下的夯土墙表面肌理
3.2-21　夯土墙的引入源于西班牙夯土城堡的营建传统
3.2-22　夯土、水面、光与影
3.2-23　平面图

安贝普萨社区图书馆
Ambepussa Community Library

斯里兰卡，安贝普萨

Ambepussa, Sri Lanka

建造时间：2015 年
建筑面积：1400 ㎡
工艺类别：改性夯土
土墙角色：承重
业主：斯里兰卡政府军辛哈军团
建筑师：Robust Architecture Workshop
生土施工：约 100 名士兵

3.2-27

该项目位于安贝普萨富有乡野风光的小镇，旨在重新将内战后的斯里兰卡士兵组织起来，为他们提供多种技能培训，同时也是面向士兵家属以及邻近社区开放的公共服务与活动设施。而该项目的建设过程，也是对近 100 名士兵的施工技术培训。

建筑布局充分顺应了场地原有的自然景观格局，依据地形变化自然地形成了若干建筑标高以及内外庭院。室内空间主要由蓄热性能优异的夯土墙围合而成，在当地炎热的气候条件下，与周边丰茂的植被共同营造出一个安静、平和与舒适的阅读学习空间。建筑形体被尽可能简化，相关的节点构造也预留了足够的误差

空间，以满足针对士兵的施工培训需要。除了夯土所需土料采自附近正在施工的操场工地以外，楼地面骨架采用回收的铁轨枕木，地面铺设也利用了废旧瓦片和混凝土块。其中一个建筑单元的施工先行启动，以工作营的形式对参与的士兵进行技术培训，为他们后续的全面施工奠定经验和技术基础。

该社区图书馆项目获得了 2015 Global Lafarge Holcim Awards 奖和 2016TERRA 当代生土建筑奖文化宗教类别大奖，也作为首个斯里兰卡项目，获邀在 2016 年威尼斯双年展上展出。（图 3.2-24~图 3.2-27）

3.2-24　顺应地形的建筑布局
3.2-25　折板形式的屋面有效地促进了室内的自然通风
3.2-26　夯土采用气动夯锤和简易的钢模板系统
3.2-27　立面图

瑞士鸟类研究所访客中心
Visitor Center of the Swiss Ornithological Institute

瑞士，森帕赫

Sempach, Switzerland

建造时间：2015 年

建筑面积：2030 ㎡

工艺类别：夯土

土墙角色：承重和非承重

业主：瑞士鸟类研究所

建筑师 :mlzd

生土施工：Lehm Ton Erde Schweiz GmbH, Martin Rauch

3.2-31

　　瑞士鸟类研究所访客中心坐落于森帕赫湖畔，旨在向公众进行科普，以及展示研究所在鸟类研究和保护方面的工作成果。访客中心由两个紧凑的多边形体量构成，门厅位于二者之间，可通向所有展区。建筑采用钢筋混凝土框架结构，预制装配式夯土墙作为围护结构。夯土墙工程由奥地利生土建筑大师马丁·劳奇率队实施完成。这是全世界第三个，也是马丁主持完成的第三个预制夯土建筑项目。

　　与其之前完成的利口乐草药中心相比，该项目对外围护夯土墙在形式、功能、洞口开设等方面提出了更高的要求，而这些通过马丁团队日益成熟的预制夯土技术得到了更为从容的回应。根据所在部位的不同，预制夯土单元具有更多样的内部强化构造和倒角形式，以满足多种结构和构造连接的需要。在夯土材料的性能提升方面，马丁依然坚持仅利用土砂石级配、拒绝添加化学改性剂的环保理念，并通过建筑及构造设计的途径，克服或规避了材料在力学和耐水性能方面的相对缺陷。例如，夯土墙顶部采用金属板下弯且轻微挑出的压顶形式，有效地避免了雨水顺流对墙体的破坏；门窗洞口上部直接采用底部配筋的夯土单元作为洞口过梁，而后置的金属窗套可有效避免雨水对洞口周边夯土的侵蚀。在利用夯土材料特性和预制夯土施工技术特点的过程中，自然形成了与之相应的设计语言。（图3.2-28~图3.2-31）

3.2-28

3.2-29

3.2-30

3.2-28　森帕赫湖水映衬下的鸟类研究所访客中心
3.2-29　精细的木构件与朴素粗糙的夯土墙相互对比且融合一体
3.2-30　预制夯土由附近的临时厂房进行机械化夯筑并切割成形，干燥
　　　　后运至现场吊装完成
3.2-31　平面图

考古遗址解译中心
Archaeological Heritage Interpretation Center

法国，代兰让

Dehlingen, France

建造时间：2014 年

建筑面积：1002 ㎡

工艺类别：改性夯土

土墙角色：承重和非承重

业主：阿尔萨斯 Bossue 社区

建筑师：Nunc architectes

生土施工：Caracol

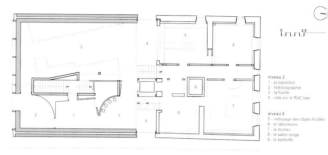

3.2-35

niveau 2
1 : prospection
2 : historiographie
3 : la fouille
4 : vide sur le RdC bas

niveau 3
5 : nettoyage des objets fouillés
6 : le laboratoire
7 : le bureau
8 : le salon rouge
9 : le kartlhoffle

考古遗址解译中心坐落于阿尔萨斯一个乡村社区中心教堂和市政厅之间，属于改造扩建项目，是激活该乡村社区这一长期工作的组成部分。

项目包含两部分内容：一是对兴建于17 世纪的Koeppel 住宅进行修缮改造，二是在相邻的旧谷仓（2001 年被烧毁）基址上进行扩建。Koeppel 住宅是一座木结构建筑，隔墙以木骨泥墙为主。通过利用传统工艺，修缮尽可能保持其原有面貌。扩建部分充分贯彻绿色建筑设计策略。除了屋面与地面保温以外，建筑外墙采用双层复合夯土墙的结构形式：由内外两层夯土墙构成，二者之间设置软木绝热层，由此夯土的蓄热性能和软木材料的绝热性能得以协同作用，极大提升了外围护结构的保温性能。室内一侧夯土墙厚40~60cm，起承重作用，因此采用现场夯筑的方式；室外一侧夯土墙需应对耐候的挑战，故在土砂石级配优化的

同时，添加少量水泥进一步提升性能。

为便于施工，室外侧夯土墙采用预制吊装的方式，于基地附近提前夯筑1.25m × 0.60m × 0.30m 的夯土模块，干燥6 个月，在内侧夯土墙完成后，将模块运至现场进行组装，也由此避规了夯土墙干缩率较高的固有缺陷。

项目充分利用夯土墙的蓄热性能，在南立面设置被动式太阳能系统——特隆布墙（Trombe Wall），即将室外侧夯土墙替换为双层玻璃幕墙。冬季，室内侧夯土墙白天可以充分吸收太阳热辐射，在夜间向室内散热；玻璃幕墙与室内侧夯土墙之间的空气间层与室内连通，在阳光照射下间层内空气升温后与室内形成环流，将太阳热辐射带入室内，减少冬季室内常规采暖耗能。这一技术体系兼顾了传统传承和绿色节能，被视为成功典范，目前已在该地区被推广。（图3.2-32~图3.2-35）

3.2-32　扩建部分的建筑形式源于当地传统的阿尔萨斯（Alsatian）
　　　　民居
3.2-33　预制夯土模块吊装作业
3.2-34　基于夯土墙蓄热特性的特隆布被动式太阳能系统
3.2-35　平面图

茶隼冥想中心
Windhover Contemplative Center

美国，加利福尼亚州帕罗奥图

Palo Alto, California, United States

建造时间：2014 年

建筑面积：372 ㎡

工艺类别：改性夯土

土墙角色：承重

业主：斯坦福大学

建筑师：Aidlin Darling Design

生土施工：Rammed Earth Works, David Easton

1 ENTRY GARDEN　　　5 EXTERIOR COURTYARD
2 ENTRY　　　　　　　6 REFLECTING POOL
3 INFORMATION VESTIBULE　7 MEDITATION LABYRINTH
4 GALLERY　　　　　　8 CONTEMPLATIVE GROVE

3.2-39

　　茶隼冥想中心坐落于斯坦福大学校园中心，毗邻一片天然橡树林，旨在为学生、教职员工乃至周边社区提供一个心灵静修的场所。建筑以加州国际著名艺术家内森·奥利维拉（Nathan Oliveira）的冥想茶隼系列绘画作为主题依托，通过艺术、景观和建筑的有机融合，营造出可触发人们冥想沉思与心灵反思、兼具艺术画廊、冥想花园和精神庇护所等多种功能体验的系列空间。

　　在到达建筑入口之前，人们须经过一个由高大竹林遮挡的线形花园，以抛开外部世界的纷杂，逐渐回归平静。厚重的夯土墙与通透的玻璃幕墙将室内界定出若干空间场域。在深色木构件的映衬下，东侧全开放的玻璃幕墙将视野延伸到前方的橡树林。百叶天窗为系列画作提供了柔和的自然顶光，除此之外，在整个白天，室内无需其他人工照明。长凳和坐垫被巧妙地安置，使游客可以静心放松地欣赏画作和风景。夯土墙厚46~61cm，土料来自现场基坑开挖。借由夯土墙、葱郁的树木以及平滑如镜的水面，在被动式节能策略的辅助下，这座建筑为斯坦福大学提供了一处舒适宜人的空间。水面的蒸发、植物的蒸腾作用、夯土墙的热惰性与空间的自然通风相结合，发挥了十分有效的室内降温作用。（图3.2-36~图3.2-39）

3.2-36

3.2-37

3.2-38

3.2-36　冥想中心像一座安宁的避风港，在激发人们想象力的同时，也让身心得到充分的休息

3.2-37　内森·奥利维拉的画作与建筑、景观融为一体

3.2-38　夯土墙由美国生土建筑先驱大卫·伊斯顿（David Easton）主持建造

3.2-39　平面图

利口乐草药中心
Ricola Kräuterzentrum

瑞士，劳芬

Laufen, Switzerland

建造时间：2014 年

建筑面积：4800 ㎡

工艺类别：夯土

土墙角色：非承重

业主：利口乐股份有限公司

建筑师：Herzog & de Meuron

生土施工：Lehm Ton Erde Baukunst GmbH, Martin Rauch

3.2-43

　　利口乐草药中心由赫尔佐格和德梅隆建筑事务所设计，是当年欧洲规模最大的夯土建筑，主要包含该公司草药类产品的加工，以及办公、接待、会议等功能。建筑长 111m，宽 29m，高 11m。建筑采用钢筋混凝土框架结构，作为围护结构的夯土墙特有的呼吸和热工性能优势，极大地降低了工厂维持室内温度和湿度稳定所需的能耗。为应对大尺度夯土墙干缩与欧洲高昂人工成本的挑战，马丁·劳奇开创性地采用了夯土预制装配技术，将传统夯土工艺引入现代预制墙体施工体系。在基地附近的临时工厂内，利用自行研发的自动化机具系统，可一次性高速且高质地夯筑近 40m 的夯土墙体，并根据建筑中不同位置的需要切割成相应长度的夯土模块，并预埋构造所需的部件。经过至少 6 周的阴干后，夯土单元即可运至施工现场，和其他类型的预制墙体一样，可自如地进行吊装砌筑，并与主体框架结构进行连接。

　　利口乐草药中心所采用的预制化夯土技术有效地规避了传统夯土在干燥收缩、施工效率、工艺精度等方面的相对不足，更从根本上颠覆了人们对于夯土应用局限性的传统认知。（图 3.2-40~图 3.2-43）

3.2-40　草药中心坐落在农业园区
3.2-41　夯土预制工厂
3.2-42　预制夯土单元的现场装配
3.2-43　平面图

欧洲土壤样本存储中心
European Soil Samples Conservatory

法国，奥尔良

Orléans, France

建造时间：2014 年
建筑面积：1424 ㎡
工艺类别：夯土
土墙角色：承重 / 非承重

业主：法国国家农业研究院
建筑师：Design & Architecture, NAMA Architecture
生土施工：Heliopolis and Caracol

3.2-47

　　自 2014 年土壤样本存储中心落成后，欧洲范围内的土壤样本便被保存在这座土壤"保险库"之中。

　　建筑以中央样本储藏空间为核心，办公、会议、实验、样品制备室等功能分布于外围的独立体量中，以 60cm 厚的夯土墙作为围护结构。夯土墙独特的湿度、温度平衡性能，以及屋面覆土和植被的保温隔热作用，使得保持中央储藏室内湿度和温度稳定所需的能耗大幅降低，加之夯土施工带来的就近取材和低能耗，该建筑全生命周期所需能耗远低于常规建筑。室内夯土隔墙同时也作为承重结构，且仅采用土砂石级配优化的方式改善性能；外围护夯土墙的土料中添加了少量熟石灰，以增强其耐候性能。采自欧洲各地的土壤样本，由以生土为主材的建筑来呵护和保存，二者可谓相得益彰。（图 3.2-44~ 图 3.2-47）

3.2-44

3.2-45

3.2-46

3.2-44 建筑挑檐深度充分考虑了夏季遮阳与冬季日照的需求
3.2-45 柔和的自然采光与朴素的夯土墙
3.2-46 现场夯筑施工
3.2-47 剖面示意图

ACRE 餐吧
ACRE Restaurant and Bar

墨西哥，圣何塞卡波

San Jose del Cabo, Mexico

建造时间：2015 年

建筑面积：790 ㎡

工艺类别：改性夯土

土墙角色：承重

业主：Cameron Watt, Stuart McPherson

建筑师：FabriKG Arquitectura & Paisaje

生土施工：Álvaro Villaseñor

出于对这处海边占地 10 公顷的芒果园和棕榈树林的喜爱，两位来自温哥华的年轻企业家于 2015 年创立了 ACRE 酒店。他们在丛林间建造了十二间客房，以及 ACRE 餐厅和鸡尾酒吧。无论是美食还是建筑，其概念都将地方文化和对自然环境的尊重结合在一起。在此，夯土墙作为承重结构，利用就地采集的土料，通过土砂石级配和少量水泥改性，现场夯筑而成。在当地湿热的气候条件下，夯土材料自身突出的多孔性与蓄热性能，极大地减少了室内制冷、除湿所需的能耗。此外，夯土墙上还开设了大量孔洞，进一步通过自然通风保持室内的凉爽。（图 3.2-48～图 3.2-51）

3.2-51

3.2-48

3.2-49

3.2-50

3.2-48　餐吧修建于椰子树和枣树林中
3.2-49　院落内景
3.2-50　夯土墙上的孔洞开设有效促进了室内的自然通风降温
3.2-51　夯土工艺的应用暗合了 ACRE 餐吧的经营理念：全球美食，
　　　　本地食材

RACV 高尔夫度假村
RACV Golf Resort

澳大利亚，托尔坎

Torquay, Australia

建造时间：2013 年
建筑面积：26 000 ㎡
工艺类别：改性夯土
土墙角色：承重和非承重
业主：维多利亚皇家汽车俱乐部
建筑师：Wood Marsh Architects
生土施工：Earth Structures Southern Pty Ltd

这座高尔夫度假村毗邻澳大利亚著名的托尔坎冲浪胜地，主体建筑最高 5 层，包括拥有 92 间客房的酒店、餐厅、酒吧、会议室、游泳池、健身房、水疗中心、高尔夫俱乐部等功能设施。建筑采用钢结构，夯土墙与回收木材作为围护结构主要材料。夯土墙厚 400mm，内部包含钢结构与保温夹层，这对夯土墙自身强度、不同材料间的热胀系数差异以及干缩控制提出了极高的要求。为此，在土砂石级配的基础上，通过添加少量水泥改性，使得夯土墙抗压强度达到了 15.6MPa 的超高值。夯土墙最高处达 12m，局部采用了模块化预制夯土吊装技术。因未设夯土墙防水挑檐压顶，墙面涂刷了水性保护剂，在确保表面耐久性的同时，不破坏其原有的多孔呼吸性能。（图 3.2-52～图 3.2-55）

3.2-53

3.2-52　度假村远景鸟瞰
3.2-53　面向海岸景观的弧形界面
3.2-54　光、影与夯土墙
3.2-55　在材料改性和保护剂的双重保护下，夯土墙可有效抵御雨水和
　　　　海风的侵蚀

古格勒印刷厂房
Gugler Printing House

奥地利，皮拉赫

Pielach, Austria

建造时间：2000 年

建筑面积：567 ㎡

工艺类别：夯土

土墙角色：承重

业主：Gugler GmbH

建筑师：Herbert Ablinger, Vedral & Partner

生土施工：Lehm Ton Erde Baukunst GmbH, Martin Rauch

3.2-59

古格勒印刷公司是利用生态纸张和生态油墨印刷的先驱。基于同样的生态价值观，该公司委托马丁·劳奇以夯土、木材等自然资源作为主材，建造其坐落于奥地利皮拉赫的印刷厂房。厂房由印刷车间和管理办公两个紧邻的部分组成，前者为两层通高空间，后者由分别为二层和三层的体量构成，由通高内廊联系在一起。通高内廊设顶部采光，兼做交通空间。

建筑采用夯土墙—木梁混合承重结构。该项目是马丁·劳奇首个正式的预制夯土装配施工案例。夯土墙由 160 块 1.7m × 1.3m × 0.4m 规格的夯土模块组装而成。夯土预制采用了工作营的形式，前后耗时 3 个月，而现场组装仅用了 2 周的时间。

在此，夯土墙不仅作为承重结构，而且扮演着被动式温湿度控制器的角色。在温度控制方面，夯土墙内部设有竖向空腔，作为室内外空气交换的通道。由于夯土材料突出的热惰性以及通过空腔的空气与土墙间的热量交换作用，夏季墙体温度通常低于室外气温，土墙可使室外热空气在进入室内之前获得"冷却"，冬季土墙温度高于室外气温，土墙又可将进入的室外新鲜空气提前预热。加之夯土墙作为蓄热体直接与室内发生的热交换作用，该夯土墙被动式系统可十分有效地平衡室内温度，大幅降低冬季采暖和夏季制冷所需能耗。（图 3.2-56~图 3.2-59）

3.2-56　夯土的模块化预制不仅极大地简化了施工工艺，而且形成了特
　　　　定的表现效果
3.2-57　管理办公区通高内廊
3.2-58　废旧砖砾作为骨料混入夯筑土料
3.2-59　剖面图

平特加广场度假屋
Plazza Pintgia Vacation Home

瑞士，阿尔门斯

Almens, Switzerland

建造时间：2013 年

建筑面积：438 ㎡

工艺类别：夯土

土墙角色：承重

业主：Christian Bachofen

建筑师：Gujan + Pally Architekten

生土施工：Lehm Ton Erde Baukunst GmbH, Martin Rauch

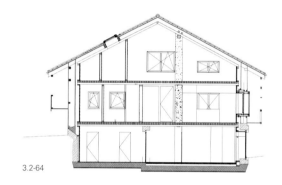

3.2-64

这座位于小山村中心的马厩，经过改造后成了一位瑞士商人的度假屋。谷仓位于面南的山坡上，可以俯瞰整个村落。马厩为一栋地下一层、地上两层的独栋建筑。在改造过程中，原有主体木结构被尽可能保留和利用。设计引入了 50cm 厚、高达三层且起承重作用的夯土墙，提升了房屋的安全性能与保温性能。本项目的夯土工艺由马丁·劳奇亲自指导。马丁团队研发的夯土壁炉是项目的特色之一。在冬季，燃烧着柴草的壁炉在夯土墙的映衬下，使整个室内空间显得朴素传统又精致现代。为减小施工过程对原建筑的影响，包括壁炉在内的所有夯土构件，均提前预制，后运至现场吊装完成。

除了采用本地可得的生土、木材等自然材料以外，业主还力求在能源方面自给自足。水由太阳能集热器加热，另有光伏模组为地热热泵供电。通风系统、辐射加热和冷却盘管均埋入夯土墙，使生土材料的蓄热性能得到充分发挥。（图3.2-60~ 图3.2-64）

3.2-60

3.2-61

3.2-62

3.2-63

3.2-60   谷仓外部原有风貌得到完整的保护
3.2-61   室内装修力主采用自然材料，并呈现其固有的朴素效果
3.2-62   预制的夯土墙和壁炉通过屋顶进入室内完成现场组装
3.2-63   壁厚不到 10cm 的预制夯土壁炉是马丁·劳奇团队研发的特色产品
3.2-64   剖面图

"天堂之阶"与"猎户座之城"
Stairway to Heaven and City of Orion

摩洛哥，马尔哈平原

Marha, Morocco

建造时间：2003 年
建筑面积：450 ㎡
工艺类别：夯土
土墙角色：承重
业主：Hannsjörg Voth
艺术家：Hannsjörg Voth
生土施工：本地工匠

3.2-68

　　1980—2003 年，德国艺术家汉斯约格·沃特在摩洛哥马尔哈平原的沙漠地带，先后创作了"天堂之阶""黄金螺旋""猎户座之城"三座大型艺术装置。

　　这些装置采用了当地传统的夯土建造工艺，在艺术家的指导下由当地工匠实施完成。夯土墙作为承重结构，其中，"天堂之阶"与"猎户座之城"的夯土墙高达 17m，形态类似于周边绿洲地区的要塞城堡。夯土采用短版夯筑模式，每版高度 60cm。在表面处理方面，未采用当地传统的草泥抹面方式，而是使分段夯筑和对穿螺杆的痕迹得到自然的表现，形成富有韵律且与超大体量相协调的表面肌理。

　　这一系列装置尽管并非真正意义上的建筑，但充分显现出当地高超的传统夯土建筑工艺，可以说是摩洛哥传统手工艺、德国工匠精神与现代艺术的完美结合。尤其在当时摩洛哥与欧洲外交关系相对紧张的时期，该项目搭建起了一座相互沟通的精神桥梁。该项目获得 2016TERRA 当代生土建筑奖景观艺术类别大奖。（图 3.2-65~ 图 3.2-68）

3.2-65

3.2-66

3.2-67

3.2-65　"猎户座之城"的夯土墙以石材为基，最高达 17m
3.2-66　屹立于沙漠之上，宛如要塞城堡的夯土墙
3.2-67　"天堂之阶"内部设有楼梯，可供人到达顶部一览壮丽风景
3.2-68　概念草图

"善根汤 × 夯土"设施
"Zenkon-yu × Tamping Earth" Installation

日本，丸龟市

Marugame, Japan

建造时间：2013 年

建筑面积：32 ㎡

工艺类别：卤水、熟石灰改性夯土

土墙角色：承重

业主：濑户内国际艺术祭执行委员会

建筑师：斋藤正，Atelier NAVE

生土施工：Atelier NAVE 和志愿者

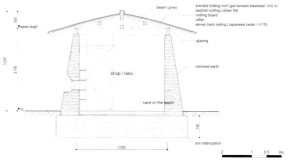

3.2-72

　　该项目为 2013 年濑户内国际艺术祭中的系列活动之一。从江户时代晚期到明治时代，盐饱群岛出现了大量木工匠人，他们尤以高超的木船制造工艺闻名于世。而这一传统以及相关的木工技艺，随着老匠人的逐渐逝去，正面临着衰落乃至失传的危机。20 多年来，建筑师斋藤正一直致力于盐饱群岛传统木工技艺的传承与复兴工作。以"善根汤 × 夯土"为代表的 17 座公共浴室的兴建，便是其策划的活动之一，同时也希望借此重振人们的信心，协助在 2011 年大地震中受灾的家庭重建家园。

　　"善根汤 × 夯土"浴室位于盐饱群岛本岛，建筑所需常规材料均需从岛外输入，就地可取的土砂石和"海产品"自然成为理想的材料资源。浴室采用夯土墙围合，夯土墙厚度下宽上窄，室外侧向内有明显的收分，通过高厚比的控制提升夯土墙的结构稳定性。屋面挑檐可有效减小雨水对收分墙面的直接冲刷侵蚀。

　　夯土原料中掺入了一定量的卤水、熟石灰等"海产品"，以提升夯土墙的力学强度和耐候性能。夯土墙采用传统的人力夯筑模式，先后有约 300 名志愿者参与其中。随着项目的推进，已有越来越多的当地木匠加入传统木工技艺复兴的工作中。（图 3.2-69~ 图 3.2-72）

3.2-69　卤水与熟石灰的添加可有效提升收分夯土墙的耐候性能
3.2-70　夯土墙可有效地平衡浴池空间的温度和湿度
3.2-71　夯土墙施工采用传统的手工夯筑模板系统
3.2-72　剖面图

URRN 公墓骨灰龛
Urrn-Graves Cemetery Earthen Columbarium

奥地利，因斯布鲁克

Innsbruck, Austria

建造时间：2014 年
墙体面积：161 ㎡
工艺类别：预制夯土
土墙角色：景观墙
业主：IISG (Innsbrucker Immobilien Service GmbH)
建筑师：Renate Benedikter-Fuchs
生土施工：Systembau EDER Claytec Lehmbaustoffe

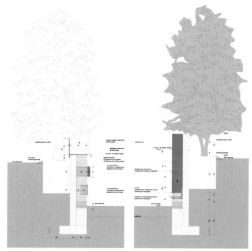

3.2-76

人生长于土，终将归于土。朴实无华且厚重的夯土墙，更易让人获得触动心灵的永恒安宁之感。在这座位于奥地利因斯布鲁克的公墓墓园，建筑师在围合的混凝土挡土墙内侧，利用夯土设置了一组存放骨灰盒和铭记逝者的壁龛墙。为缩短现场施工工期，减小对墓地的侵扰，夯土墙施工采用提前预制、干燥后拉至现场组装的方式。

夯土墙厚 50cm，提前预留出安放骨灰盒的壁龛，每个龛位附有锈色的铭文铜牌。铜牌与壁龛随机分布，在朴素的夯土墙的映衬下，铭记着每一位逝者。

如建筑师所说："生土是世界上最古老的建筑材料之一，骨灰保存于这一具有生命力的材料之中。"（图 3.2-73~ 图 3.2-76）

3.2-73　夯土墙采用钢板压顶以保护墙面免受雨水的侵蚀
3.2-74　混凝土作为墙基以隔绝地面毛细水侵蚀夯土墙
3.2-75　壁龛通过预制夯土块拼合而成
3.2-76　剖面图

南丹社区中心
Nam Dam Community Center

越南，河江

Ha Giang, Vietnam

建造时间：2014 年

建筑面积：300 ㎡

工艺类别：改性分土

土墙角色：承重和非承重

业主：南丹社区

建筑师：Hoang Thuc Hao, Nguyen Duy Thanh, Le Dinh Hung, Vu Xuan
Son, Tran Hong Nam

生土施工：当地工匠

STAGE 1: 2002 - 2008
- 2002 - 2004: Collecting materials.
- 2004 - 2008: Villagers with parties constructed 20 farmhouses and 5 small homestays.

STAGE 2: 2008 - 2013
- Built and expanded 6 farmhouses, 4 small and 3 large homestays together with kindergarten.

STAGE 3: 2013 - Current
- Newly constructed and expanded 4 farmhouses, 3 small and 3 large homestays and the Swallow Community House.

3.2-81

　　南丹是一个少数民族聚居村落，位于越南北部偏远山区。该地区富有特色的传统服装、织锦、饮食、草药浴、夯土民宅等传统文化遗存闻名于世。然而，坐落于山顶的南丹村受交通制约，经济、生活和教育条件均十分落后。因可用地狭小，农、牧劳作区与住房密集混杂，导致人居环境逐年恶化，传染疾病日趋严重。为此，在瑞士非政府组织明爱（Caritas）和建筑师们的帮助下，该村从山顶搬迁至交通相对便利的山下，并借此契机通过新社区的建设改善村民们的生活条件，在保持地方传统特色的同时促进旅游业的发展。

　　自 2002 年以来，在新社区已有 50 余座建筑或设施落成，包括幼儿园、图书馆、社区中心等公共建筑，以及 30 个农庄，每个农庄由 5~7 个家庭组成，兼顾游客住宿功能。房屋建设充分利用了当地传统的夯土和木结构技术，以及地方可得的自然材料资源。建筑一层用以毛石为基础的夯土墙围合，墙厚 80cm，室内墙面用混合了添加剂的草泥抹面；二层采用竹木框架结构，楼面、屋面与墙身采用木围护结构。建筑形式及其技术系统在提升房屋安全和舒适性的同时，尽可能保持当地原有的传统风貌特色，并为社区未来的可持续发展发挥示范引导作用。（图 3.2-77~ 图 3.2-81）

3.2-77

3.2-78

3.2-79

3.2-80

3.2-77　新社区全貌
3.2-78　新建夯土农舍
3.2-79　夯土墙由村民采用传统方式夯筑而成
3.2-80　社区中心包括一个展厅和五间客房
3.2-81　新社区分阶段发展示意

SECMOL 学校
SECMOL Campus

印控克什米尔拉达克地区，列城

Leh, Ladakh, India

建造时间：2012 年

建筑面积：1200m²

工艺类别：夯土

土墙角色：承重

业主：SECMOL 特别学校

建筑师：Sonam Wangchuk（CRAterre DSA 毕业生）

生土施工：学生与志愿者

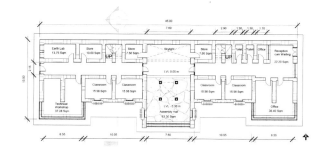

3.2-85

　　拉达克学生教育和文化运动（Students' Educational and Cultural Movement of Ladakh, SECMOL）由拉达克的青年组织于 1988 年创办。SECMOL 学校位于喜马拉雅山腹地的小山村菲村（Phey）附近，海拔 3500m。该地区夏季平均最高气温仅为 20℃，冬季平均最低气温低至 –30℃，却拥有极丰富的太阳能资源，全年晴天日数多达 300 天以上。学校实行寄宿制，70 多名来自偏远农村的学生和少量的教职员工及志愿者一起生活和学习。

　　校园设施包括一座教学建筑、三座住宅用房以及基础设施。为应对当地严寒的气候条件和艰难的交通及物资条件，建筑师充分利用太阳能资源和当地传统生土建造技术，打造了行之有效且高性价比的被动式太阳能系统。建筑以夯土墙围护，屋面利用木屋架加工产生的木屑作为保温材料，利用地形使建筑北侧嵌入室外地坪以下 1m，有效地提升了建筑围护结构的保温蓄热性能。

　　同时，建筑南向采用大开窗，并利用可开合且更为经济的塑料薄膜替代玻璃，形成可调节的阳光温室效应：在冬季白天，放下塑料薄膜，夯土墙和地面可将进入室内的太阳辐射吸收并转化成热能释放到室内环境中；在夏季气温较高时，学生可卷起塑料薄膜，通过自然通风来降温。根据建成后的观察，借助这一"开源节流"式的被动式系统，在漫长的冬季，无需任何采暖措施，建筑室内温度始终保持在 14~20℃相对舒适的区间，可谓高性价比的近零能耗建筑。该项目获得 2016TERRA 当代生土建筑奖教育康体类别大奖。

（图 3.2-82 ~ 图 3.2-85）

3.2-82 建筑南侧被动式太阳能系统
3.2-83 在该地区传统夯土建造技术被广泛应用于民宅、城防和宫殿的建设
3.2-84 在木材资源匮乏的条件下夯土拱券的形式取代了常规的木质过梁
3.2-85 教学用房平面图

泥制与夯制土坯
Adobe and Compressed Earth Brick

科塔花园城
Garden City of Cota

哥伦比亚，昆迪纳马卡

Cundinamarca, Colombia

建造时间：2015 年，2020 年
建筑面积：50 000 ㎡
工艺类别：改性压制土坯
土墙角色：非承重
业主：Constructora Totem LTDA
建筑师：Mauricio Sanchez, Juan Pablo Urbina
生土施工：TierraTEC

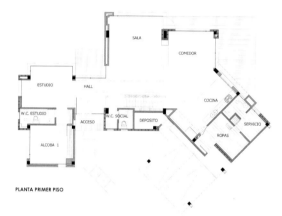

3.2-89

TierraTEC 是由达里奥·安古洛（Dario Angulo）创立的一家长期致力于生土压制砖研发、生产和推广应用的企业。该公司生产研发了 10 余个系列的生土压制砖产品，通过土砂石级配调整、水泥基改性和压制机械改良，手工压制的土坯砖抗压强度高达 4~12MPa，抗拉强度高达 2MPa，满足多种房屋建设的需求。在过去 20 多年间，达里奥团队利用新型土坯砖系统，在哥伦比亚首都波哥大郊区建设了一系列豪华的"花园城市"社区，建成房屋 2000 余栋，科塔花园城便是其中一个案例。该社区分两期建成 260 余栋多为两层的土坯别墅，以及游泳池、桑拿浴室、健身房、网球场等公共设施。土坯生产就地取材，利用手工机械现场加工，极大地节约了施工成本。（图3.2-86~图3.2-89）

3.2-86

3.2-87

3.2-88

3.2-86　科塔花园城社区全貌
3.2-87　土坯别墅
3.2-88　利用手工机械压制土坯
3.2-89　别墅平面图

"黏土编织"住宅暨艺术画廊
"Woven Clay" House and Art Gallery

厄瓜多尔，基多

Quito, Ecuador

建造时间：2013 年

建筑面积：170 ㎡

工艺类别：土坯

土墙角色：非承重

业主：Soledad Kingman

建筑师：Francisco Trigueros Munoz, Elena de Oleza Llobet,
　　　　Jorge Ramón Giacometti

生土施工：Chaquiñán Taller de Arquitectura

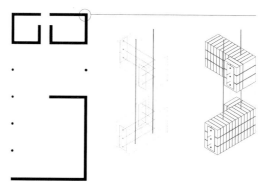

3.2-92

一对新婚夫妇决定定居在厄瓜多尔首都基多近郊的乡村，特邀请建筑师为其设计一栋住宅，兼具画廊功能，展示厄瓜多尔社会现实主义大师爱德华多·金曼（Eduardo Kingman）的绘画作品。

房屋采用钢木框架结构，土坯墙围护。受当地大量制砖厂晾晒泥坯场景的启发，建筑师利用未经焙烧的泥坯为材，采用立砌的方式砌筑墙体，并通过纵横钢筋勘固，与主体结构拉结为整体。由此展现出的土坯墙肌理具有编织的效果，很好地衬托出金曼色彩丰富的绘画作品。墙体采用混凝土作为基础和压顶，通过"穿鞋戴帽"提升土坯墙的耐候性能。框架结构所用钢柱来自回收的废旧输油管道，由其支撑整个木屋架系统。（图 3.2-90~图 3.2-92）

3.2-90　土坯墙采用混凝土"穿鞋戴帽"以提升其耐候性能
3.2-91　爱德华多·金曼色彩丰富的绘画作品在土坯墙的衬托下格外夺目
3.2-92　利用纵横钢筋勘固的土坯砌筑构造

CBF 妇女健康中心
CBF Women's Health Center

布基纳法索，瓦加杜古

Ouagadougou, Burkina Faso

建造时间：2007 年
建筑面积：500 ㎡
工艺类别：改性压制土坯
土墙角色：承重
业主：意大利妇女发展协会
建筑师：Riccardo Vannucci, FAREstudio
生土施工：S. Art Décor

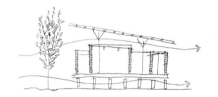

3.2-96

　　CBF 妇女健康中心是意大利妇女发展协会（AIDOS）推动的布基纳法索妇女解放计划系列建设项目之一，旨在为城郊农村妇女开展医疗服务以及相关教育、培训、交流等活动提供所需的空间与设施，并为社区发展提供一个具有地方特色且高性价比的建设示范。

　　中心由两个建筑单体构成，包含培训、管理运营、医疗咨询、法律援助、心理辅导等一系列功能所需空间。

　　建筑师通过一系列设计措施，在满足功能需求的同时，有效应对了当地多雨炎热的气候条件。建筑底部架空，不仅便于保持室内的环境卫生，而且有利于建筑的隔潮绝热与通风降温。屋面采用双层的形式，建筑体块顶部为可上人屋面，其上利用回收的 PVC 防水板，通过独立的树状轻钢结构支撑，形成上层坡屋面。两层屋面之间的通风空腔可大幅消解建筑顶部的太阳辐射热，同时坡屋面也作为收集器，将雨水收集起来用于场地中的植被灌溉。建筑以土坯墙围护，可有效地平衡室内的温度和湿度。土坯所需土料采自场地周边，在现场与砂石及少量水泥拌和，利用模具制成泥坯，在阳光下干燥后便可达到墙体砌筑所需强度。建筑施工耗时 15 个月，由当地施工企业完成。（图 3.2-93~ 图 3.2-96）

3.2-93　中心的建设为该社区的房屋建设发挥了十分积极的示范引领作用
3.2-94　中心庭院
3.2-95　土料的筛分处理
3.2-96　底部架空和双层屋面十分有效地应对了当地多雨湿热的气候环境

坎滩社区中心
Cam Thanh Community Center

越南，广南，会安

Hoi An, Quang Nam, Vietnam

建造时间：2014 年

建筑面积：550 ㎡

工艺类别：改性土坯

土墙角色：非承重

业主：卡达人民委员会

建筑师：Hoang Thuc Hao, Pham Duc Trung, Nguyen Thi Minh Thuy,
　　　　Le Dinh Hung, Vu Xuan Son

生土施工：1+1>2 Architects

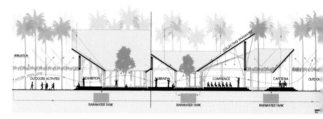

3.2-100

　　尽管毗邻著名的会安古镇与海滨度假胜地，但坎滩村仍处于生活水平相对低下的贫困状态。由于恶劣的交通条件，当地很难通过引入游客来发展经济。与此同时，坎滩还面临着海平面上升、频繁的热浪与台风等气候变化威胁。为此，当地决定建设一座社区中心，搭建与外界资源的连接平台，以促进当地旅游经济和社区建设的可持续发展。

　　中心位于社区核心地带，由三栋建筑单体组成。建筑内外采用灵活的空间划分方式，可满足会议、展览、阅读、培训、就餐等多种功能

需要，并附带有机种植、运动场地等室外功能用地。

　　建筑充分利用了地方可得的材料资源。建筑主体为竹木框架结构，围护墙体采用双层中空形式，由土坯砌筑，空气间层可起到一定的绝热作用，与蓄热性能突出的土坯共同作用，可有效地平衡室内的温度和湿度。坡屋面由树叶覆盖，可大幅提升屋面对太阳辐射的隔热性能。由坡屋面汇聚收集的雨水，被用于场地植被的灌溉。（图3.2-97~图3.2-100）

3.2-97　社区中心鸟瞰
3.2-98　竹木结构的坡屋面是社区中心的特色标志之一
3.2-99　弹性灵活的室内外空间界定
3.2-100　剖面图

库杜古中央市场
Koudougou Central Market

布基纳法索，库杜古

Koudougou, Burkina Faso

建造时间：2005 年

建筑面积：27 750 ㎡

工艺类别：改性压制土坯

土墙角色：承重

业主：库杜古市

建筑师：Laurent Séchaud、Pierre Jéquier

工程师：Joseph Nikiema

生土施工：Kientega Zanna、Bado Mouboë、Bonkoungou Kouka、Zagre

　　　　　T Michel、Kabore Sanata、Bonkoungou Victorine

3.2-104

　　库杜古是布基纳法索的第三大城市，也是该国唯一一个位于铁路沿线的重要工业和商业中心。在瑞士发展合作署（Swiss Agency for Development and Cooperation）的支持下，库杜古市政府启动了中央市场建设项目，希望打造一个永久性的商贸和社区交往空间，促进社区和城市的良性发展。中央市场由一个可容纳 624 个摊位的大厅和 125 栋总共可开设 1195 个商铺的独栋建筑组成。建筑采用当地传统的努比亚拱券—穹顶承重结构体系，由压制土砖砌筑而成。制作土砖所需的土料采自场地周边，通过添加少量水泥，使土砖强度得到提升。

　　市场施工前后耗时 5 年，不仅吸引了当地传统工匠的积极参与，也培养了大量年轻的技术工人。在瑞士发展合作署与当地政府的努力下，社区充分参与了中央市场从选址、设计、建造直至竣工的运营全过程，社区民众的凝聚力与自我认同感得到了极大提升。

　　中央市场的兴建，不仅展现了在西非炎热的气候条件下生土建筑特有的生态性能优势，而且通过其示范效应以及大量传统工匠的参与，使当地传统生土建造技术焕发出新的生命力。该项目获得 2016TERRA 当代生土建筑奖办公商业类别大奖。（图 3.2-101～图 3.2-104）

3.2-101 施工现场
3.2-102 市场大厅内的开放式摊位
3.2-103 市场内部的开放式空间
3.2-104 平面图

让纳庄园暨生土中心
Villa Janna - Le Centre de la Terre

摩洛哥，马拉喀什

Palm Grove of Marrakesh, Morocco

建造时间：2015 年

建筑面积：4700 ㎡

工艺类别：土坯

土墙角色：承重

业主：Villa Janna, Denis Coquard

建筑师：Denis Coquard, Jalal Zemmama

生土施工：让纳庄园可持续中心，SOS Terre Battue Marrakech,
Daniel Turquin

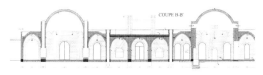

3.2-108

　　摩洛哥生土中心是致力于生土建筑以及可持续发展相关研究、培训、示范、推广的非政府组织。它坐落于距马拉喀什市中心 8km 的一片棕榈林中，是在让纳庄园的基础上不断拓建形成的田园建筑综合体，建筑面积 4700 ㎡，占地 2.5 公顷。中心包括住宿、教室、水疗、天文台、小型剧场、游泳池等功能空间或设施，可满足日常的研究和对外培训需要，也可接待来此地度假的游客，宣传生态可持续发展理念。

　　建筑采用土坯墙承重结构体系，以及当地传统的拱券、穹顶建造技术。根据不同部位的墙体、拱券和穹顶的建造方式差异，工匠加工了三种不同规格的土坯。其中，6cm×11cm×18cm 规格的土坯砖可直接用于拱券和穹顶的砌筑，而无需作切割处理。

　　以让纳庄园为基地，生土中心面向工匠、建筑师、工程师、项目经理等人员，至今已开设了 15 门培训课程，并先后指导和协助当地民众完成了 400 多座土石房屋的修缮，以及一万多平方米生土房屋的兴建工作。（图 3.2-105～图 3.2-108）

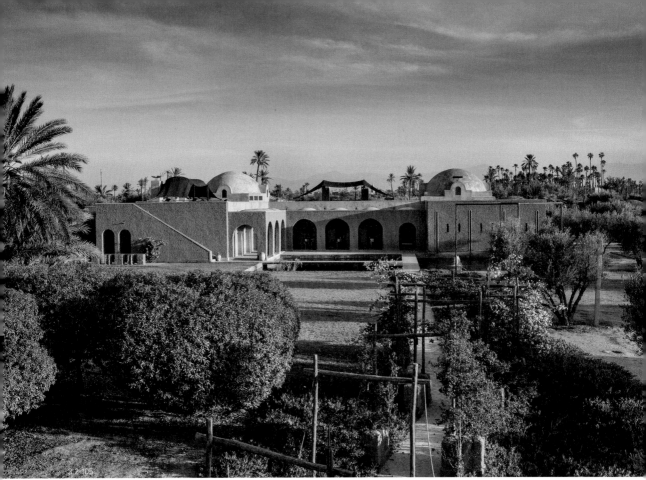

3.2-105

3.2-106 1 2

3.2-107

3.2-105 生土中心坐落于一片棕榈林中
3.2-106 所有建筑屋顶利用传统的努比亚拱券或穹顶技术砌筑而成（1~2）
3.2-107 中心建设所需的 100 万块土坯砖采用手工制作并露天晾晒而成，前
        后耗时一年
3.2-108 剖面图

贾希里城堡改造
Renovation of Al Jahili Fort

阿布扎比，艾因
Al Ain, Abu Dhabi

建造时间：2008 年
建筑面积：1002 ㎡
工艺类别：土坯
土墙角色：承重
业主：阿布扎比文化遗产机构
建筑师：Roswag & Jankowski Architekten
生土施工：ADACH, Preservation Department, Hunnarshala Foundation
管理：Claytec Scheeres, 艺匠绘画工作坊

3.2-112

　　贾希里城堡始建于 1891 年，是阿联酋现存最大的城堡之一，其独特的三层建筑轮廓，甚至被作为国家的象征标志之一，印在 50 元的迪拉姆纸币上。

　　修缮改造后的大部分室内空间用于常设展陈，展出英国探险家在 20 世纪 40 年代横穿阿拉伯半岛沙漠时拍摄的作品。城堡南翼设置游客咨询中心、商店、咖啡馆等功能。

　　城堡采用被动式节能策略来应对当地昼夜温差大且干燥酷热的气候，满足室内展陈所需的温湿度环境。90cm 厚的土坯外墙、棕榈木密肋覆土屋面、节能门窗等外围护结构，可有效地降低室内外热交换，加之铺设在墙体室内侧抹面层之下的水循环冷却系统，即使在 45℃的室外温度条件下，也可将室内温度保持在 24℃上下，极大地节约了空调制冷能耗。

　　修缮工程尽可能保留建筑室内外的历史面貌，并利用原有的传统工艺进行修复，例如依托棕榈木的棕榈叶吊顶、墙体室内黏土抹面、用石蜡进行表面勘固的夯土地面等。建筑外墙面的修缮，遵循原真性和最小扰动的原则，仅每隔两年或在沙尘暴、暴雨之后，利用传统黏土抹面工艺对残破之处进行修复。而新加入的门窗、家具等构成要素均采用白色饰面，以便区分新旧要素。该项目获得 2016TERRA 当代生土建筑奖室内设计类别大奖。（图 3.2-109～图 3.2-112）

3.2-109　坐落于沙漠绿洲上的贾希里城堡是阿联酋现存规模最大的城
　　　　堡之一
3.2-110　城堡内常设展厅
3.2-111　室内墙面中嵌入的水循环冷却系统
3.2-112　剖面图

福纳社区礼堂和教师住宅
Phoolna Community Hall and Housing for Teachers

印度，比哈尔邦桑德普尔

Sunderpur, Bihar, India

建造时间：2015 年

建筑面积：450 ㎡

工艺类别：土坯和草泥团

土墙角色：承重

业主：非政府组织 Little Flower

建筑师：Johannes Sebastian Vilanek, Iris Nöbauer, Jomo Zeil, Felix Ganzer/Roland Gnaiger,

Michael Zinner, Clemens Quirin (BASEhabitat)

生土施工：BASEhabitat，林茨艺术与工业设计大学学生，当地工人

3.2-116

BASEhabitat 是由生土建筑大师马丁·劳奇发起，依托奥地利林茨艺术与工业设计大学（University of Art and Design Linz）成立的研究机构，致力于在欧洲及发展中国家开展生土建筑研究、教育、实践推广工作。福纳社区礼堂和教师住宅是 BASEhabitat 与非政府组织 Little Flower 合作完成的慈善项目。该项目位于印度比哈尔邦桑德普尔地区，旨在帮助当地麻风病人群体改善生活条件。一方面，通过提供舒适的教师住房吸引外地师资来到这一偏远的村落，为 300 多名儿童创造更多受教育的机会；另一方面，将当地传统生土建筑技术融入公共设施建设，以此作为示范和工匠培训平台，推动当地传统建筑技术的复兴与应用发展。

项目坐落于村落中心，由一栋包含 6 间卧室的两层宿舍和一栋社区礼堂组成。建筑采用土墙与竹框架混合承重结构，以当地盛产的竹材作为楼面、屋面以及部分围护结构的主材，利用就地可取的土料手工加工而成的土坯与草泥团作为墙体材料，墙厚 50cm。厚重的夯土围护墙与开放式的棚架系统很好地应对了当地炎热潮湿的气候条件。

房屋由 15 位村民和 30 多名来自林茨艺术与工业设计大学的学生共同建造完成，建造过程本身也让社区民众重拾对当地传统工艺的信心，为传统工艺的应用与发展发挥了积极的引导和示范作用。（图 3.2-113~ 图 3.2-116）

3.2-113

3.2-114

3.2-115

3.2-113　屋顶平台对所有村民开放
3.2-114　建筑采用土墙与竹框架混合承重结构
3.2-115　该项目对当地农宅建设发挥了积极示范作用
3.2-116　平面图

潘雅顿学校
Panyaden School

泰国，清迈

Chiang Mai, Thailand

建造时间：2015 年

建筑面积：182 ㎡

工艺类别：土坯、竹骨泥墙和夯土

土墙角色：承重 / 非承重

业主：潘雅顿学校

建筑师：Chiangmai Life Construction, Markus Roselieb

生土施工：Chiangmai Life Construction

　　潘雅顿学校是一所私立泰英双语学校，位于泰国北部的文化之都清迈，共有 370 名学生。学校将绿色生活理念贯穿于整个教学系统，包含艺术创意以及农业、热带雨林、织布、地方饮食等一系列地方传统智慧相关的教学内容。学校占地5000 ㎡，拥有良好的田园景观资源。自 2011 年创校以来，学校陆续兴建了托儿所、幼儿园、小学、美术室、冥想室、图书馆、餐厅等建筑或设施，均采用凉亭的建筑形式，可分为"教室亭"和"大厅亭"两种类型。教室亭由三道在中心交会的夯土墙承重，并将檐下空间划分为三间教室，而外部的土坯墙仅作非承重外围护结构。大厅亭的室内空间较大，用于会议室、食堂等公共功能，采用夯土墙与竹框架混合承重结构，主框架上部利用竹骨泥墙进行空间分隔。所有建筑屋面采用竹棚架系统，曲面的造型与周边的山峦相呼应。

　　就地可取的土料和采自附近竹林的竹材，是整个学校建设的主要建材，充分体现出绿色可持续的教育理念。（图 3.2-117~ 图 3.2-120）

3.2-117　校园鸟瞰
3.2-118　曲面屋顶与周边的山峦相呼应
3.2-119　教室室内
3.2-120　竹棚架系统

克勒德高中
Kler Deh High School

缅甸，克伦邦

Karen State, Myanmar

建造时间：2015 年

建筑面积：528 ㎡

工艺类别：土坯

土墙角色：承重

业主：克伦邦教育局，帕安区政府

建筑师：Line Ramstad, Gyaw Gyaw

生土施工：Gyaw Gyaw

3.2-124

　　Gyaw Gyaw 是由一位挪威景观建筑师和三位克伦族木匠联合创立的慈善组织，致力于帮助克伦族群体在长达数十年的民族冲突之后，返回家乡定居。自 2009 年以来，该组织与当地社区合作，沿着泰国边境兴建了一系列孤儿院、诊所、学校等公共基础设施。克勒德高中便是其中之一。该项目所在的边境村落在经历了 1984 年和 1996 年的两次战火后几成废墟，学校和医院也遭到严重破坏而被废弃。幸存的村民们穿越边境到泰国境内的难民营躲避战火。

　　新学校坐落于山脚下的河滩坡地，可鸟瞰整个新村。校园采用单元分散且顺应坡地的布局模式，包括 2 座教学房屋、4 座宿舍、1 座厨房，以及若干浴室、厕所等建筑设施。为应对当地潮湿炎热的气候条件，所有建筑的南侧、西侧开窗相对较小，以避免过多的阳光直射，室内采光主要依赖东侧与北侧的大面积开窗。双层屋面可有效提升对太阳辐射的隔热效果和通风降温效果。除金属屋面是从外界购买的构件以外，建筑所需的其他材料均来自村落周边。建筑采用土坯墙与竹框架混合承重结构，土坯所需土料、砂石采于施工现场和附近河滩，竹材、木材均取自村落内的林地。（图 3.2-121～图 3.2-124）

3.2-121 双层屋面与"凸"字形的建筑形体可有效提升室内的自然通
风降温效果
3.2-122 利用现场土料和采自附近河滩的河沙制作土坯
3.2-123 以土坯为材是当地传承上千年的房屋建造传统
3.2-124 教室概念模型

钢 - 土缝纫学校
Steel-Earth School of Sewing

尼日利亚，尼亚美

Niamey, Nigeria

建造时间：2012 年

建筑面积：255 ㎡

工艺类别：土坯

土墙角色：承重

业主：Carrefour Jeunesse Niger

建筑师：Odile Vandermeeren

顾问：Cabinet d'architecture Adobe (Omar Bembello),

工程师：Ngollé，非政府组织 Bâtir et Développer

生土施工：Association Nigérienne de Construction Sans Bois

3.2-128

和在许多西非国家一样，在尼日利亚，当地传承数千年的传统生土建筑技术被视为贫困落后的象征。但大部分常规工业化建材均依赖进口，这使普通民众建设房屋时陷入两难境地。在此背景下，缝纫学校项目旨在为当地妇女创造一个技能培训平台，同时向当地诠释一条基于传统生土营建工艺，可就地取材、经济适用且可复制推广的房屋建设途径。学校建筑充分利用了当地土坯拱券技术，厚实的土坯墙与土坯拱顶可有效应对当地炎热且昼夜温差大的气候挑战。拱顶之上悬浮的金属屋面可进一步促进室内通风降温，增强顶部对太阳辐射的隔热效果。为增强土坯墙面的耐久性能，利用当地传统抹面工艺进行保护和装饰，抹面材料由就近采集的红土、石灰石、树胶和天然着色剂在粉碎后调和而成。学校建设由当地的泥瓦匠、学校学徒、村里的年轻人在建筑师和画家的带领下共同完成。（图 3.2-125~图 3.2-128）

3.2-125　土坯拱券和墙面彩绘是当地特有的传统营建工艺
3.2-126　上层金属屋面对土坯拱券起到有效的保护作用
3.2-127　女画家 Ayorou 利用抹面工艺绘制墙面图案
3.2-128　三间教室和一个共享空间的造价不到 100 欧元 / ㎡

班达米尔国家公园游客中心
Pavilion of the Band-e-Amir National Park

阿富汗，巴米扬省

Bamyan Province, Afghanistan

建造时间：2007 年

建筑面积：107 ㎡

工艺类别：土坯

土墙角色：承重

业主：Prince Mostapha Zaher, Habiba Sarobi

建筑师：Anne Feenstra, Khalid Dawari, Faiz M. Momand

生土施工：本地工匠

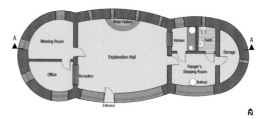

3.2-132

　　荷兰建筑师安妮·芬斯特拉自 2004 年以来长期深入阿富汗，协助当地开展了一系列小型的扶贫建设项目。班达米尔国家公园游客中心便是其中之一。班达米尔是阿富汗第一座国家公园，坐落于兴都库什山脉的心脏地带，海拔 3000m，全年平均气温介于 –25~35℃之间，游客在这里可以观赏到壮丽的高原山地景观。长期以来，受气候、资源和交通条件的限制，国家公园内没有任何基础设施。在此极端的条件下，安妮·芬斯特拉利用就地可取的土、石、木等自然材料，设计并指导当地工匠建造了一座游客中心，同时也作为护林员和当地居民共享的社区中心。

　　建筑采用近卵状平面布局，较小的建筑体型系数加上 80cm 厚的土坯外墙，有利于在严寒气候条件下减小室内的热损失，保持室内温度的平稳。南向开设的双玻大窗与土坯墙结合，可发挥直接得热型被动式太阳能取暖效应。

　　百余名当地工匠和村民先后参与了建筑施工，这一过程极大地提升了邻近四个村落村民的归属感。（图 3.2-129~ 图 3.2-132 ）

3.2-129 坐落于山脚下的游客中心
3.2-130 该项目就地取材，实现了高性价比的节能效果
3.2-131 基础施工
3.2-132 平面图

木 / 竹骨泥墙与草泥
Wattle & Daub and Straw Mud

J 住宅
House J

德国，达姆施塔特

Darmstadt, Germany

建造时间：2012 年

建筑面积：120 ㎡

工艺类别：木骨泥墙、挤制土砖

土墙角色：非承重

业主：私人

建筑师：Schauer + Volhard Architekten

生土施工：Unger Gmbh & KG

3.2-136

　　该项目坐落于达姆施塔特市中心。受预算所限，为满足住户生态节能的定位目标，设计采用了经济高效的生土技术策略。

　　住宅为两层，采用了类似气球框架系统的木框架结构。建筑外墙采用土砖填充和木骨泥墙相结合的建造工艺：在木梁柱内外两侧密排固定落叶松木条，在形成的空腔中填充土坯块，室内一侧贴敷 14 厘米厚的自然纤维板，外侧以木条为骨抹草泥形成内外墙面，并做石灰抹面。由此将纤维保温隔热的特性与生土的热惰性结合在一起，实现室内冬暖夏凉的舒适效果。以太阳能电池板驱动的地暖作为冬季的主要采暖来源。房屋的轻质结构不仅缩短了建设周期，而且大幅节约了建造成本。（图 3.2-133~ 图 3.2-136）

3.2-133　该房屋是多种自然材料的结合体
3.2-134　依托气球框架结构的轻质墙体系统
3.2-135　充沛的室内自然采光环境
3.2-136　剖面图

穆尼塔·冈萨雷斯住宅
Munita Gonzalez House

智利，圣地亚哥

Santiago, Chili

建造时间：2011 年

建筑面积：275 ㎡

工艺类别：钢骨泥墙、夯土

土墙角色：非承重

业主：私人

建筑师：Arias Arquitectos Asociados, Surtierra Arquitectura

生土施工：Surtierra Arquitectura

3.2-140

这座体量交错的住宅是为一个六口之家设计的，坐落于圣地亚哥郊区一片毗邻树林的平坦空地上。减小对环境的扰动并尽可能利用自然资源是项目设计的核心目标。

建筑为两层，以通高的厨房、餐厅为核心，将一层的起居、主卧与二层的三间次卧组织成一体。起居与餐厅空间由一段多彩夯土矮墙为界定要素。建筑主体采用轻钢框架结构，外墙系统在传统木骨泥墙技术的基础上进行了革新：利用钢框架钢丝网为骨架，以就地可取的泥土和麦秆混合为草泥进行填充。建筑师开发出的这一钢骨泥墙系统具有良好的保温隔热性能，其特有的柔性和抗扭力性能也能进一步增强房屋的抗震性能。起伏的折板屋面有助于促进室内空气对流通风，也可收集雨水用于灌溉场地中的植物，挑出的屋面板又能有效地保护墙面不被雨水侵蚀。所有的门、窗、地板均利用了回收木材，建筑主体也尽可能利用可降解或可再回收材料。这一轻钢框架与钢骨泥墙相结合的结构体系，经受住了里氏 8.8 级地震的考验。（图 3.2-137～图 3.2-140）

3.2-137

3.2-138

3.2-139

3.2-137 建筑门廊与挑檐使夏季遮阳和冬季日照二者兼得
3.2-138 开放式厨房和餐厅是室内空间的组织核心
3.2-139 建筑的轻质结构系统具有十分优异的抗震性能
3.2-140 剖面图

DESI 电气技师培训中心
DESI Training Center for Electricians

孟加拉国，卢德拉普尔

Rudrapur, Bangladesh

建造时间：2008 年

建筑面积：300 ㎡

工艺类别：草泥垛墙

土墙角色：承重

业主：非政府组织 Dipshikha

建筑师：Anna Heringer

工程师：Stefan Neumann

生土施工：当地工匠、学生志愿者

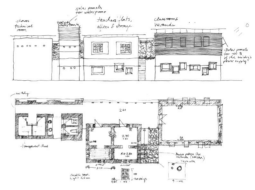

3.2-144

此项目由德国建筑师安娜·赫林格主持设计，包括两间教室、两间办公室、两间宿舍及浴室、洗手间等设施。建筑采用草泥垛墙和竹框架混合承重结构，首层以土墙承重，二层以竹框架结构为主体。设计充分发掘和利用了当地传统的原竹捆扎工艺和草泥垛墙建造技术，由当地工匠和来自欧洲的大学生志愿者共同完成施工。这一过程培养了许多当地年轻工匠，也向当地年轻一代证明了传统工艺在现代生活中的价值。建成后的培训中心实现了零能耗的设计目标：太阳能发电板满足了整栋建筑的用电需要；太阳能热水器为浴室提供热水；热工性能优异的生土墙与自然通风设计，使得建筑无需消耗任何常规能源，即可满足冬季采暖和夏季降温的需要。

该项目可谓高技与低技的完美结合，在满足既定功能需要的同时，为当地诠释了一条基于地方资源和营建传统，应对现代生活需求的适宜性绿色建筑路径。（图 3.2-141~ 图 3.2-144）

3.2-141　中心充分发掘利用了当地传统的竹材工艺与生土建筑技术
3.2-142　遮阳通风的二层外廊是学生和村民最喜爱的休闲空间
3.2-143　草泥垛墙干燥后的抹面装饰
3.2-144　概念草图

胡索·舒鲁手工酿酒馆
Ruco Choro Artisanal Wine-Making Pavilion

智利，考克内斯省奎拉

Quella, Cauquenes, Chili

建造时间：2012 年

建筑面积：142 ㎡

工艺类别：木骨泥墙

土墙角色：非承重

业主：私人

建筑师：Patricio Merino Mella

生土施工：当地工匠

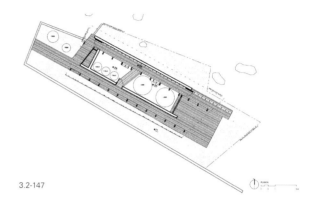

3.2-147

在 2010 年智利 8.8 级特大地震中，考克内斯地区近 90% 的房屋被摧毁，位于奎拉的科昆内斯村是受灾最为严重的村落之一。2011 年，塔尔卡大学的师生团队受当地葡萄园主的委托，为该村设计一栋手工酿酒馆，作为当地葡萄酒生产恢复的过渡性设施。设计团队希望在此过程中，充分利用地方可得的材料资源，证明手工酿酒和传统建造技艺的价值，以此重振当地的葡萄酒旅游业。建筑采用了便于快速施工的木框架与木骨泥墙相结合的结构体系。墙体依托木柱在内外固定密排木条，以木条为骨，填充草泥形成墙体。建筑顶部采用双层屋面形式，可大幅提升屋面对太阳辐射的隔热性能与通风降温效果。（图 3.2-145~图 3.2-148）

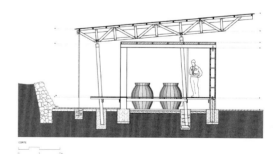

3.2-148

3.2-145

3.2-146

3.2-145　双层屋面与木骨泥墙系统有效地应对了当地炎热的气候挑战
3.2-146　操作简易的木骨泥墙工艺尤其适合震后快速重建
3.2-147　平面图
3.2-148　访客可参观手工酿酒的全过程

Schap! 2011
Schap! 2011

南非，马加古拉高地

Magagula Heights, South Africa

建造时间：2011 年

建筑面积：210 ㎡

工艺类别：压制泥草墙

土墙角色：非承重

业主：ONG s2arch

建筑师：克恩滕应用科技大学师生团队

监督指导：Peter Nigst, Elias Rubin, Jürgen Wirnsberger

生土施工：克恩滕应用科技大学师生团队，buildCollective，
当地工匠

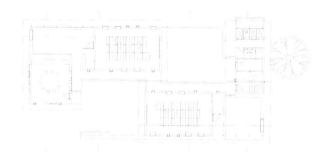

3.2-152

奥地利克恩滕应用科技大学（Carinthia University of Applied Sciences）的师生团队长期致力于推动约翰内斯堡郊区贫民社区的建设发展，以"共同建设，共同学习"为口号，协助伊图巴社区学院建造校舍。这栋包含两间教室、会议室和洗手间的建筑，是由克恩滕应用科技大学 2010/2011 级学生团队完成的作品。建筑主体采用钢筋混凝土框架结构，轻钢金属屋面。柱间墙体采用了传统的压制泥草工艺：将长段稻草与泥浆充分混合，通过 8~24 小时的静置"发酵"使混合物获得充分的黏性，然后逐层填入模板并压实。经过几天的干燥，模板拆除后，在内外表面用草泥抹面作为防护。有大量内部空隙的泥草墙具有十分突出的隔热性能，且施工简便，尤其适合欠发达地区进行房屋自建。建筑施工由克恩滕应用科技大学师生团队和当地工匠在 buildCollective 的组织下共同完成。（图3.2-149~ 图3.2-152）

3.2-149

3.2-150

3.2-151

2

3.2-149　校舍采用了兼具隔热和通风降温效果的双层屋面系统
3.2-150　教室室内
3.2-151　麻网有助于减少草泥抹面表面干裂（1~2）
3.2-152　平面图

第 4 章

现代生土建筑的
本土化研究与实践
Localization Research and
Practice of Modern Earthen Architecture

欧美成熟的现代生土建造技术多依托于当地发达的混凝土施工体系、既有的机具系统和施工技术，难以直接引入我国，尤其是农村地区。此外，法国、奥地利等生土实践活跃的地区，抗震设防烈度通常并不高，因此可供借鉴的生土建筑抗震经验较为有限。如何基于我国农村的发展现状和基本条件，探索具有较高性价比和良好地域适应性的成套生土建造体系，是中国现代生土建筑研究面临的核心挑战。

十余年来，在无止桥慈善基金、住房和城乡建设部的支持下，我们在全国范围内开展了大量扶贫建设与设计实践工作，涉及甘肃、陕西、新疆、河南、湖北、广东、福建、河北等 17 个省或地区。也正因为生土建造传统在这些地区广泛分布，如何基于这一传统进行房屋更新建设，不经意间成为我们的一项重点研究与实践内容。从 2005—2007 年的毛寺生态实验小学，2008—2010 年的四川马鞍桥村震后综合重建示范项目，直至

2011 年以来利用现代夯土建造技术在全国多地开展的建设示范推广与设计实践，我们的侧重点也在逐渐变化，从最初对传统生土材料生态性能进行发掘与利用，到生土建筑抗震与传统建造技术改良，直至近年来基于现代生土材料优化理论所开展的全建造系统的本土化技术革新，逐步使生土及其营建工艺在现代建筑体系中发挥生态效益成为可能。尤其在生土建筑抗震设计方面，我们的研究已走在国际前沿。

2013—2014 年，分别由王澍、张永和设计的水岸山居酒店、轩尼诗云南德钦酒庄两个大型现代夯土建筑落成，这两个案例不仅为我们应对相关技术挑战提供了有益借鉴，也刷新了社会大众对生土营建工艺普遍存在的认识误区。但生土营建工艺作为一项新的"老"营建工艺，如何通过科学化的改良与创新，探索其在今天的应用潜力与相适宜的发展定位，仍然面临着来自技术和非技术的诸多挑战。

4.1-0　土上工作室开展的示范建设与实践项目分布

现代夯土农宅示范与推广

1　四川凉山会理马鞍桥村震后重建
2　甘肃会宁马岔村生土示范基地
3　河北阜平农宅示范
4　甘肃定西震后重建
5　江西赣州农宅示范

6　河北涿鹿农宅示范
7　新疆喀什农宅示范
8　内蒙古鄂尔多斯农宅示范
9　甘肃永登农宅示范
10　贵州威宁农宅示范
11　湖北竹溪农宅示范
12　青海大通农宅示范

13　云南普洱夯土技术培训

现代夯土建筑设计与实践

14　甘肃庆阳毛寺生态实验小学
15　陕西西安万科大明宫楼盘夯土景观工程
16　福建泰宁峇修院
17　广西桂林门等村民活动中心
18　甘肃会宁马岔村村民活动中心

19　广州东莞三中碉楼文化馆
20　天津中福康养社区
21　福建永定土楼文化展廊
22　北京建筑大学现代生土建筑研究中心暨夯土工作室
23　安徽潜山万涧村儿童公益书屋
24　河南洛阳二里头夏都遗址博物馆
25　北京"崖"餐厅

26　2019深港城市\建筑双城双年展（深圳）
27　中国北京世界园艺博览会生活体验馆
28　中国北京世界园艺博览会中国馆生态文化展区序厅
29　只有河南·戏剧幻城东大墙
30　只有河南·戏剧幻城剧场酒店

红色表示项目所在的省市

南海诸岛

4.1 农房建设示范与推广
Demonstration and Dissemination in Rural Construction

马鞍桥村震后重建综合示范项目
Comprehensive Post-quake Reconstruction of Maanqiao Village

地址：四川省凉山彝族自治州会理县新安乡马鞍桥村

项目时间：2008—2010 年

管理与统筹：无止桥慈善基金，香港中文大学

建设内容：农房重建 34 户（5500㎡），村民活动中心 480㎡，跨河便桥 1 座（跨度 66m）

项目资助：（香港）利希慎基金，香港女童军总会，无止桥慈善基金

项目支持：住房和城乡建设部村镇建设司，会理县住房和城乡建设局

高校志愿者团队：香港中文大学，西安建筑科技大学，重庆大学，香港科技大学等

项目团队主要成员：穆钧，吴恩融，周嘉旺，周铁钢，万丽，马劼，邢世建，陈英凝，杨华，代启福，付剑桥等

所获奖项：TERRA 当代生土建筑奖建筑与地方发展类别大奖（国际生土建筑中心，2016）、亚太地区文化遗产保护创新设计奖（联合国教科文组织，2011）、中国建筑传媒奖组委会特别奖（南方报业传媒集团，2010）、环保建筑大奖（香港绿色建筑议会，2010）

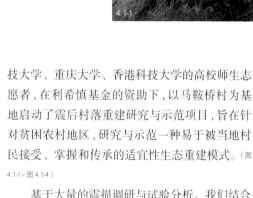

4.1-1

2008 年 8 月 30 日，川滇交界的攀枝花发生 6.1 级地震，该地区受灾严重。位于凉山州会理县新安傈族乡的马鞍桥村是受灾最严重的贫困村落之一。当地农房多为人畜共居的传统夯土合院形式，在地震中损毁严重。对于大多数村民而言，采用常规建造技术和组织模式重建家园，面临着常规建材价格飞涨、资金短缺、交通条件落后、教育和技术水平相对低下等一系列挑战。有鉴于此，2008 年 10 月，住房和城乡建设部委托无止桥慈善基金，统筹来自香港中文大学、西安建筑科技大学、重庆大学、香港科技大学的高校师生志愿者，在利希慎基金的资助下，以马鞍桥村为基地启动了震后村落重建研究与示范项目，旨在针对贫困农村地区，研究与示范一种易于被当地村民接受、掌握和传承的适宜性生态重建模式。（图 4.1-1~ 图 4.1-4）

基于大量的震损调研与试验分析，我们结合已有研究成果，充分利用当地自然材料和传统夯土建造工艺，系统优化房屋结构体系，并研究开发了一系列可有效提升房屋安全性能、经济易行

4.1-1　一座季节性的独木桥是马鞍桥村与外界的唯一交通联系

4.1-2　当地典型的人畜共居式的传统夯土合院在地震中损毁严重，马
　　　　鞍桥村民们的重建之路面临着一系列挑战（1~2）

的房屋建造措施和技术，如：改良当地传统夯筑工具，以提升夯土墙密实度和强度；利用当地竹材作为拉筋，在分层夯筑过程中嵌入竖向木桩，以增强夯土墙抗剪能力；利用石膏加水灌入土墙裂缝，以修复受损墙体。当地传统夯土技术和工具得到改进和标准化，极大地提高了夯土农宅的结构稳固性和抗震性能。(图4.1-5~图4.1-7)

为使村民掌握这些房屋建造优化措施，我们发动全村每户派出一个劳动力组成村民施工小组，为一户困难户重建房屋。在此过程中，志愿者与村民同吃同住，指导村民现场施工。通过这一实际操作式的培训模式，全体村民已完全掌握了各种新技术措施的要领，并积累了充分的经验。更为重要的是，看着崭新的示范房，村民们恢复了对传统夯土技术的信心，随即通过邻里互助的传统组织模式，充分利用震后废墟和当地自然材料，自发展开各户房屋重建工作。在志愿者的进一步技术指导下，历时三个月，全村33户村民自力更生完成了家园重建。与邻村具有同等抗震能力和节能效果的新建常规砖混房屋相比，村民自主重建的房屋造价平均仅为前者的1/5。(图4.1-8~图4.1-10)

基于对重建经验的总结，我们设计并组织村民兴建了一座村民活动中心，以期在丰富和满足村民日常公共生活的同时，向村民们诠释传统技术的应用潜力。还采用以图画、照片为主的表达形式，针对普通村民和农村工匠，编写出版了一本《抗震夯土农宅建造图册》，在住房和城乡建设部村镇建设司的支持下，免费发放给有夯筑营建传统的西南农村地区，以进一步推广该项目研究成果和经验。此外，项目团队中的桥梁专家邢世建老师，带领学生设计并发动志愿者与村民共同兴建了一座长达66米的过河便桥，解决了马鞍桥村长久以来过河难的问题。如今，马鞍桥村已恢复到震前的宁静与祥和。该项目先后获得联合国教科文组织2011年度亚太地区文化遗产保护"创新设计奖"等多项国际专业奖项。(图4.1-11~图4.1-14)

4.1-5

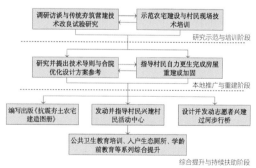

4.1-4

4.1-3　震后志愿者团队深入各户开展访谈、调研和方案论证工作
　　　　(1~2)
4.1-4　项目推进策略
4.1-5　夯土墙力学性能优化现场试验

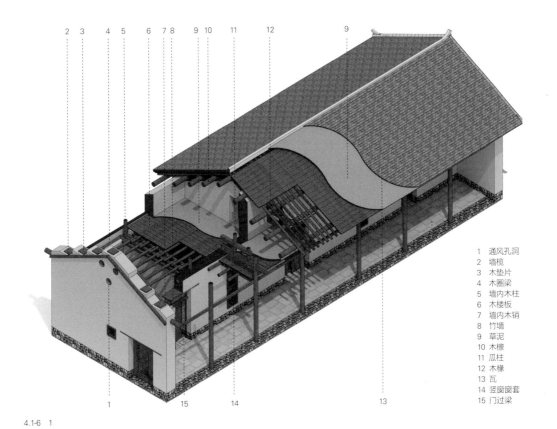

1	通风孔洞
2	墙揽
3	木垫片
4	木圈梁
5	墙内木柱
6	木楼板
7	墙内木销
8	竹墙
9	草泥
10	木檩
11	瓜柱
12	木椽
13	瓦
14	竖窗窗套
15	门过梁

4.1-6 1

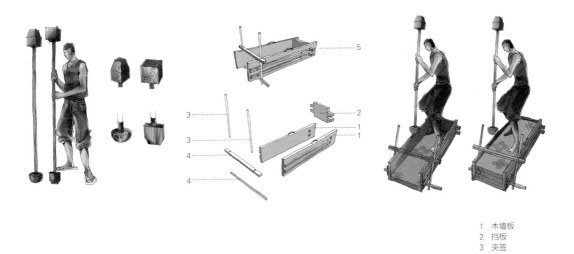

1	木墙板
2	挡板
3	夹签
4	箍头
5	传统模板

4.1-6 2

4.1-6   传统夯土农宅建筑结构体系与夯筑工艺优化（1~2）

4.1-8

4.1-7 1

4.1-7　　基于本地自然材料的抗震构造措施：木构造柱、木圈梁、
　　　　竹筋、木销（1~2）
4.1-8　　驻场的志愿者与参与示范培训的村民和工匠

4.1-9　兼顾村民现场技术培训的示范农房建设（1~3）

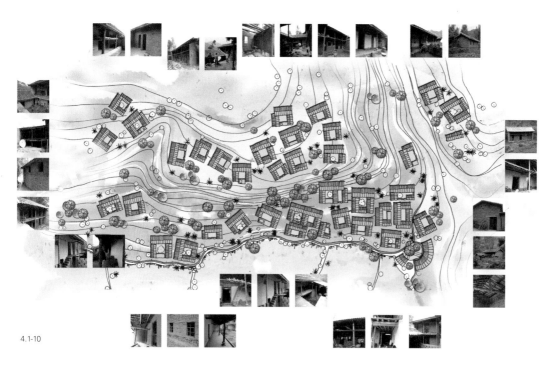

4.1-10

4.1-10 通过邻里互助建成的各户新宅及其分布示意
4.1-11 2010 年的马鞍桥村已恢复到震前的宁静与祥和

4.1-12　发动村民和志愿者共同兴建完成的村民活动中心（1~2）
4.1-13　土上工作室基于项目研究成果编写出版的《抗震夯土农宅建造图册》
4.1-14　由志愿者设计并与村民共同建造的马鞍桥村第一座跨河便桥

现代夯土农宅建设示范与推广系列项目
Demonstrations and Disseminations of
Upgarded Rammed-earth Dwellings in Rural China

地址：甘肃会宁、定西、永登，江西赣州，河北阜平、涿鹿，新疆喀什，内蒙古鄂尔
多斯，贵州威宁，广东东莞，福建永定、长汀，湖北竹溪，青海大通等
项目时间：2011—2019 年
管理与统筹：西安建筑科技大学，北京建筑大学，（香港）无止桥慈善基金
建设内容：示范推广农宅 190 余栋
项目资助：住房和城乡建设部，（香港）无止桥慈善基金，地方政府
项目支持：住房和城乡建设部村镇建设司，地方住建系统
项目团队主要成员：穆钧，周铁钢，蒋蔚，梁增飞，詹林鑫，顾倩倩，邢永，以及
30 余名硕士研究生和 20 余名马岔村民工匠
所获奖项：世界人居奖铜奖（联合国人居署、世界人居基金会，2019），亚太地区
文化遗产保护创新设计奖（联合国教科文组织，2017），田园建筑优秀
实例三等奖（住房和城乡建设部，2016），三联人文城市奖生态贡献范
例奖（《三联生活周刊》，2021）

4.1-15

　　2011 年 6 月，在住房和城乡建设部的大力支持及无止桥慈善基金的资助和统筹下，我们在过往研究实践基础上，以甘肃省会宁县为基地启动了"现代夯土民居建造研究与示范"项目，旨在借鉴国外现代夯土技术研究方面的成功经验，针对我国有夯土建造传统的贫困农村地区，开展进一步的系统革新与应用示范研究。（图 4.1-15；图 4.1-16）

　　如何基于我国贫困农村发展的现状和基本条件，探索具有较高性价比和良好地域适应性的成套夯土建造体系，成为项目面临的核心挑战。为此，我们引入现代生土材料性能优化原理，通过大量基础试验与现场试验，研发出基于本地材料资源和常规设备改造的、适合我国村镇地区的成套施工技术及其机具系统，以及与现代夯土力学性能相协同的房屋抗震结构体系和设计方法，有效地克服了生土材料在力学和耐水性能方面的缺陷。

　　为进一步验证新技术系统在乡村的适用性，

2011 年夏，我们发动来自香港和内地的志愿者，在会宁县马岔村与村民一同进行了现场夯筑建造试验。以一栋模拟常规民居的构筑物作为模型单元，在夯筑的过程中，尤其对基础、门窗、洞口、圈梁等常规构造节点的施工方式和构造做法进行"纠错"式的论证。同时对施工效率、操作难度、人力和材料成本，尤其是当地村民对待新技术的态度进行综合评估分析，为进一步的改进提升和示范建设提供了重要依据。（图 4.1-17～图 4.1-19）

4.1-16

4.1-15　会宁县丁沟乡马岔村
4.1-16　当地传统生土合院民居

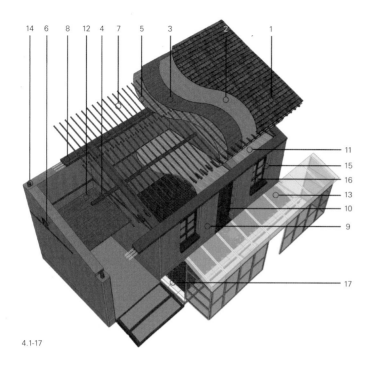

4.1-17

1	瓦片
2	草泥
3	竹帘席
4	檩条
5	刨花板
6	采光窗
7	椽子
8	墙体
9	圈梁
10	门
11	吊顶
12	楼板
13	太阳房
14	构造柱
15	预埋木砖
16	门连窗
17	青砖台阶

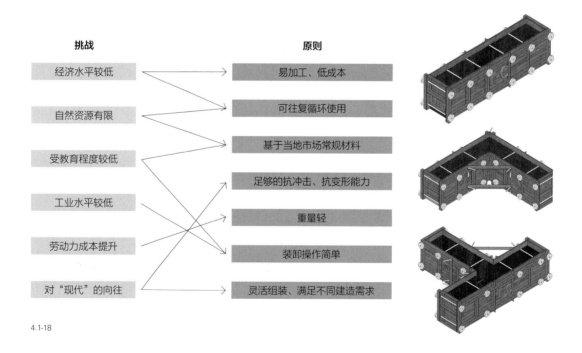

挑战　　　　　　　　**原则**

经济水平较低	易加工、低成本
自然资源有限	可往复循环使用
受教育程度较低	基于当地市场常规材料
工业水平较低	足够的抗冲击、抗变形能力
劳动力成本提升	重量轻
对"现代"的向往	装卸操作简单
	灵活组装、满足不同建造需求

4.1-18

4.1–17　新型夯土农房结构体系优化
4.1–18　适用于农村建设的新型夯筑模板体系及其研发原则

以此为基础，2012 年春，我们发动并指导马岔村村民开展了首个新型夯土民居建设示范。沿用当地传统的三合院布局模式与单坡屋顶、平屋顶相结合的屋面形式，仅将设计集中于必要的结构与构造系统，旨在满足住户日常生产生活需要的同时，验证村民自建房模式下房屋建造的客观成本，充分发挥其综合示范效应。在节能设计方面，示范房继承了传统夯土建筑的保温节能优势，并充分利用了太阳房、草垫节能屋面、单框双玻节能窗等一系列经济适用的节能措施。现场观测结果发现，与当地砖混结构农宅相比，示范房节能效率高达近 70%，即使在平均温度 –10℃以下的冬季最冷月份，住户只需利用火炕即可满足采暖需求，而其造价仅为 650 元 / ㎡。由于当地村民普遍具有传统夯筑的经验，通过这一实际

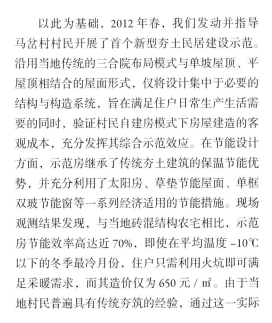

操作式的培训模式，参与建设的 20 多名村民工匠很快便掌握了各种新技术的要领，并积累了充分的经验，目前已成为在各地开展示范推广建设的主要技术培训人员。在首栋示范房的带动影响下，其后的三年中，马岔村村民采用邻里互助、协同组织的方式，先后建成新型夯土农宅 20 余栋，平均造价低至 320 元 / ㎡。（图 4.1-20）

4.1-19　2011 年夏在马岔村举行的首个具有试验性质的现代夯土工作营（1~2）

4.1-20　首个现代夯土示范农房于 2012 年秋在马岔村建设完成（1~3）

根据基础试验研究与示范建设的成果和经验，2014年我们编写并出版了《新型夯土绿色民居建造技术指导图册》，采用图文并茂的方式，使其不仅可以作为农村工匠技术培训的教材，也可作为普及读物，使社会大众对于传统夯土建造技术及其优化应用潜力有更充分的认识。在会宁县住建局的组织推动下，我们利用该教材，先后对全县400多名农村工匠和技术人员进行了推广宣传和技术培训。

与此同时，为进一步检验新技术在不同地域条件下的适用性，在住房和城乡建设部的支持和推动下，我们发动已经成为熟练工匠的马岔村村民，在甘肃、河北、新疆、江西、湖北、贵州等具有夯土营建传统的地区，带领当地村民进行农宅建设示范、推广以及公共设施建设。截至2019年，先后建成近200户新型夯土示范与推广农宅。通过这一过程的持续改进，该技术体系已逐渐成熟，对于乡村自组织建设为主的农宅建设模式而言，显现出较高的性价比和良好的地域适应性。根据各地区完成的示范建设统计，按相同的结构安全和节能标准进行对比，村民自组织建设的新型夯土农宅的建造成本（所有人工和材料计入成本），平均仅为当地常规砖混房屋的2/3。并且，根据测算，新型夯土农宅在建设过程中产生的碳排放和蕴含能耗，仅分别为后者的25%和20%。

以上这些农房建设示范和推广，基本实现了高性价比的扶贫建设目标，对于具有夯土营建传统的贫困农村地区起到了良好的示范带动作用。然而，我们在采访参观夯土示范农宅的村民时，有时会得到此类回答："听说房子结实得很，住着也舒服，只是……看起来还是个土的……""土房子就意味着贫穷落后"的认知在村民的心中可谓根深蒂固，我们所做的仅仅是一个开始。要想真正改变这一认知，没有引人心动从而乐于模仿的"高大上"，单纯追求建造的高性价比是远远不够的。为此，我们在开展乡村示范推广工作的同时，也在积极结合现代建筑实践，力图将现代生土作为一种"新"的传统材料，进一步研究其升级技术体系以满足更多元的设计需求。（图4.1-21；图4.1-22）

4.1-21

4.1-22　　在各地开展的现代夯土农宅示范与推广建设：（1）甘肃定西；
　　　　　（2）甘肃会宁；（3）贵州威宁；（4）河北涿鹿；（5）湖北十
　　　　　堰；（6）江西赣州；（7）内蒙古鄂尔多斯；（8）青海大通；
　　　　　（9）新疆喀什

4.2 现代建筑设计与应用实践
Modern Architectural Design and Application Practice

毛寺生态实验小学
Maosi Ecological Demonstration Primary School

项目地址：甘肃省庆阳市显胜乡毛寺村

建筑面积：1006 ㎡

项目时间：2005—2007 年

建筑设计：吴恩融，穆钧

工艺类别：土坯

业主：庆阳市西峰区教育局

项目资助：(香港)嘉道理农场暨植物园，陈孔明先生

施工：显胜乡村民工匠

所获奖项：境外建筑评委会特别奖（香港建筑师学会，2009），AR 国际建筑嘉许作品奖（英国《建筑评论》，2009），亚太地区文化遗产保护"创新设计奖（联合国教科文组织，2009），RIBA 国际建筑奖（英国皇家建筑师学会，2009），首届中国建筑传媒奖最佳建筑奖（南方报业传媒集团，2008），DFA 亚洲最具影响力设计大奖（香港设计中心，2008），WAF 首届世界建筑节嘉许作品奖（国际建协 /GROHE，2008）

4.2-1

地处西北的黄土高原是中国最为贫困的地区之一，经济与技术水平的落后是当地生态建筑发展所面临的最大挑战。2007 年夏于甘肃省毛寺村落成的实验小学（图4.2-1），正是在此背景下所进行的示范性研究成果。其目标不仅仅是为当地的孩子们创造一个舒适愉悦的学习环境，更关键的是以此为契机，努力诠释一个适合该地区乡村发展现状的生态建筑模式。

4.2-1　毛寺生态实验小学全貌

通过对当地气候、经济、资源和当地传统建筑的研究发现，在该地区针对冬季的热工设计是减少建筑能耗和污染最有效的生态设计手段。并且，学校的设计与建造需要遵循四个基本原则：舒适的室内环境、能耗与环境污染的最小化、造价低廉与施工简便。

基于此分析，以教室为模型，借助 TAS 软件进行了一系列电脑热学模拟实验。对当地所有常规和自然材料、传统建造技术和生态设计系统进行筛选与优化后发现，最基本的建造技术——以生土和自然材料为基础的建筑蓄热体与绝热体的使用，是提升建筑热工性能、减少建筑能耗最经济和有效的措施，应作为教室设计的基本策略。（图 4.2-2~图 4.2-4）

顺应所处的地形，学校所需的十间教室被分为五个单元，布置于两个不同标高的台地之上，使得每间教室均能获得尽可能多的日照和夏季自然通风。以绿化为主的院落环境有助于为孩子们创造一个舒适愉悦的校园环境。教室北侧嵌入台地，可以在保证南向日照的同时，有效地减少冬季教室内的热损失。宽厚的土坯墙、加入绝热层的传统屋面、双层玻璃等蓄热体或绝热体的处理方法可以极大地提升建筑抵御室外恶劣气候的能力，维护室内环境的舒适稳定。与此同时，根据位置的不同，部分窗洞采用切角处理，以最大限度地提升室内的自然采光效果。

小学的建设施工继承了当地传统的建造组织模式，全部由本村村民完成。除平整土方所必需的挖掘机以外，所有施工工具均为当地农村常用的手工工具。同时，绝大部分建筑材料都是就地取材的自然元素，如土坯、茅草、芦苇等。由于这些材料所具有的可再生性，所有的边角废料均可通过简易处理，立即投入再利用。例如，土坯是由地基挖掘出来的黄土压制而成，而土坯的碎块废料又可混合到麦草泥中作为黏结材料。再如，剩下的椽头与檩头被再利用到围墙和校园设

施建造之中。以上措施不仅有助于最大限度地挖掘当地传统的建筑智慧，而且可以将施工的能耗和环境影响最小化。（图 4.2-5~图 4.2-7）

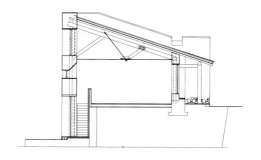

4.2-4

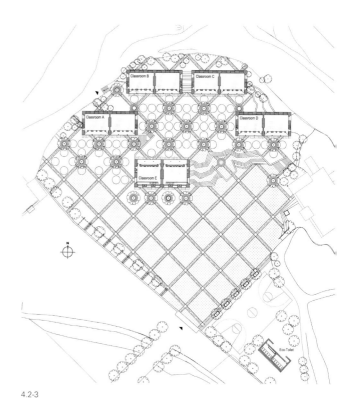

4.2-3

4.2-3　总平面图
4.2-4　教室 E 剖面图

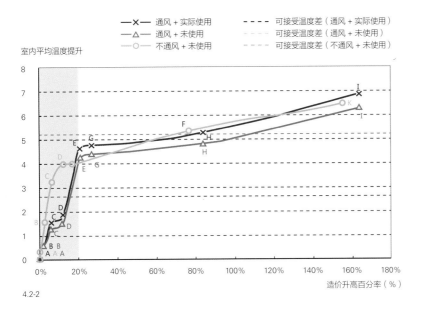

4.2-2

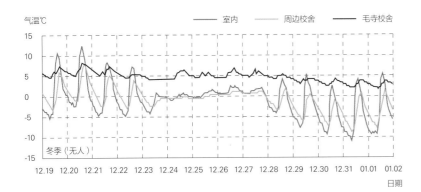

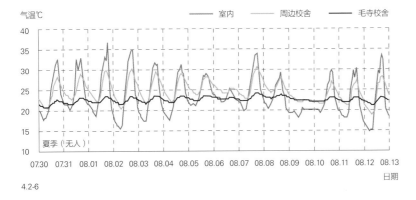

4.2-6

4.2-2　热工模拟试验证明，以土坯为基础的当地传统建造技术具有突出的节能性价比

4.2-6　新校舍夏季、冬季室内观测温度对比（均在室内无人的状态下）

麦草　　　　　　芦苇　　　　　　原木　　　　　　麦草泥

毛石　　　　　　细沙　　　　　　土坯　　　　　　条石

可持续材料
非可持续材料

聚苯乙烯保温板　　小青瓦　　　　　熟石灰　　　　　油毡

4.2-7

根据学校建成后的观测发现，在室外平均气温低至 −10℃ 的冬季，无需烧煤取暖，室内便可达到令人满意的舒适效果。这是由于整个围护结构突出的保温特性，使太阳能得热和孩子们身体散发的热量可以得到充分的利用。而校舍的造价仅为当地同等节能与抗震等级的常规砖混结构房屋的 2/3。从中可以看到传统营建技术中所蕴含的生态潜力，尤其对贫困农村地区具有十分重要的现实意义。也由此确立了我们在贫困农村房屋建设方面的一个主要研究方向，即传统营建技术的发掘和生态再利用。

该项目先后获得了一系列国内外专业大奖，而对于我们而言，最大的褒奖来自毛寺生态实验小学校长的一句话："从现在开始，学校不再需要烧煤来取暖了，省下来的钱可以为孩子们多买一些书了。"（图4.2-8，图4.2-9）

4.2-7　学校建设所用大部分材料源于就地取材的自然资源

4.2-5   小学的建设由本村的村民工匠按照传统的组织模式施工完成（1~3）

4.2-8　1

4.2-8　　校园一隅（1~8）

4.2-8 2

4.2-9　1

4.2-9　教室室内（1~3）

马岔村村民活动中心
Macha Viliage Center

项目地址：甘肃省会宁县丁家沟乡马岔村

建筑面积：648 ㎡

项目时间：2014—2016 年

工艺类别：现代夯土

土上工作室角色：建筑设计、施工统筹、技术培训、运营
　　　　　　　支持

项目策划与管理：无止桥慈善基金

业主：马岔村村民委员会

项目资助：陈张敏聪夫人慈善基金，太古地产有限公司
　　　　　（香港），无止桥慈善基金

施工：马岔村村民工匠

所获奖项：WAF 世界建筑节佳作奖（国际建协 /GROHE，
　　　　　2018），WA 中国建筑奖设计实验类别佳作奖
　　　　　（《世界建筑》杂志社，2018），田园建筑优秀实
　　　　　例一等奖（住房和城乡建设部，2016）

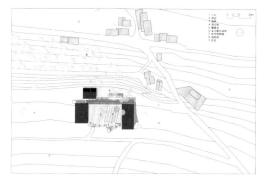

4.2-11

　　马岔村地处海拔1800~2000m 的干旱的黄土高原沟壑区，年降水量仅为340mm，村里日常饮用及灌溉用水极度匮乏。当地土资源极为丰富，传统民居多以生土为主要建材。建造工艺基本为土砖砌筑、传统夯土、草泥，配以木结构屋架。

　　村民活动中心是住建部现代夯土民居研究与示范项目中的一项重点内容。我们联合法国国际生土建筑中心，由无止桥慈善基金会出资并组织当地村民一起完成。活动中心选址在一个坡度大约为 20° 的退台式山坡上，山坡面东，朝向山谷，视野开阔，景色壮丽。（图 4.2-10~ 图 4.2-12）

　　通过前期调研了解到村民们对公共活动中心的期望是，能满足简单购物、就医、看戏、集会、托儿所等需求。基于这些，我们整合了村中原有的一个医疗站，并根据这个生土项目特殊的示范意义，新增了相应的培训、展示空间。最终，活动中心的空间被设置为一个开放的可供集会与看戏的场院和四个相对独立的土房子：多功能室（含有培训、展示、阅览、会议等功能）、商店、医务室和托儿所（含一个小厨房）。

4.2-10　马岔村村民活动中心一隅

4.2-11　总平面图

4.2-10

4.2-12　冬雪中的活动中心（1~2）

在空间组合方式上借鉴了当地民居传统合院的形式。利用基地中的三层退台，将四个土房子设置在不同标高，围合出一个三合院，开口面向东侧的山谷。方案所有的建造都尽量结合基地的退台现状，使这几个土房子就像从地里生出的土块，可以自然地融入当地的空间景观。这个院落里的场院作为一个综合的室外公共场所，是当地村民集会、游戏、看戏、看电影等集体活动的空间。这几种活动在空间的具体使用上有不同的要求。首先，为了让一个合院能够满足这些不同使用和观看习惯，同时还能让村民们觉得新鲜有趣，我们利用退台本身形成的高差，将高的部分设置为小戏台，低的部分设置成村民看戏与活动的场院，这符合演戏在高处、看戏在低处的传统看戏习惯，低处的场院同时也是托儿所的小朋友组织游戏与村民集会的空间。其次，我们将场院北侧的地面倾斜抬高，形成新的阶梯状观众席，使之能够面向场院的活动以及托儿所的北墙。北墙可设置屏幕来看电影，从而形成新的类似于电影院或剧院的观看体验。最后，在更低的退台上，我们设置了四个小的尺度不一的箱体，从场院东侧向山谷方向推伸出去。箱体的西面开口指

向戏台，在场院标高形成类似剧场包厢的空间，东面指向壮丽的山谷，是瞭望观景的平台。四个箱体分别用作水窖、仓库和男女厕所。

这些设置限定出一个占据基地三层退台的、立体的三合院：最高一层是多功能室、商店、小戏台和医务室，紧邻商店东侧，以一个竹子廊联系在一起；托儿所、场院、观众席在中间一层；最下一层是库房、水窖等附属空间。

除了商店，其他三个土房子的屋面全部处理成当地通常采用的单坡形式，以便在雨季时将雨水汇流至院子里，经过退台，最终收集在基地标高最低处的水窖中。活动中心的入口处设置了一个小型风力发电装置，产生的电量可以满足中心大约一半的日常用电需求。（图4.2-13~图4.2-18）

院子北侧的多功能室和南侧的托儿所在室内空间的处理上，同样对基地本身的高差现状作出了回应：设置不同标高以减少对地形本身的改变，同时丰富了室内的空间体验。托儿所在最南侧，南向开有大窗，采光很好。室内居中贯穿一组大台阶，划分连接两个不同标高的空间，高低两个空间可以分别满足至少两组小朋友同时使用。而台阶部分也是小朋友们游戏、演出、上课的观众席。

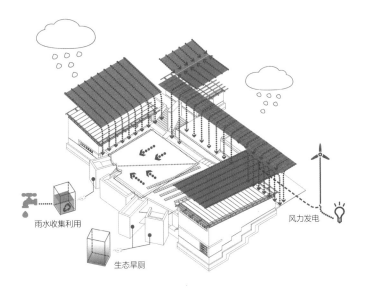

雨水收集利用

生态旱厕

风力发电

4.2-17

4.2-17　中心雨水收集与风力发电系统

所以围绕小朋友的使用，在托儿所的室内做了些特别的尝试，希望孩子们能对这个土房子产生更多的兴趣与情感。托儿所东南两侧土墙交汇的角部是一个幽暗的角落，我们就着这个角落，为孩子们制造出一个在白天也能看到"繁星"的空间——在墙体内部夯进数十根直径不等的亚克力棒，使阳光从中穿过。这样就在厚实、幽暗的土墙角落里挂起了点点星光，营造出戏剧化的"星空"效果。（图4.2-19~图4.2-21）

紧邻托儿所西侧有个向南、采光充足的室外沙坑，与室内以落地窗相隔，室内外相互可见，小朋友在沙坑游戏的场面成为在室内上演的巨大画面。室内东面设置了一个水平长窗，面向山谷，并被刻意压低至儿童的尺度，方便孩子们眺望谷底。

用生土来建造房子是这个小村庄一直以来的传统。其技术要求不高，经济而且有很好的热工性能。所以生土自然是这个活动中心在材料与建造工艺上最直接的选择。同时，对建筑师来说，生土也在材料美学上有着迷人的表现力。

方案所有的建造用土都在现场采取，取土过程本身同时也是对场地的修整。活动中心50cm厚的夯土墙体是承重墙，也是空间的气候边界。这个厚度足够保障室内不受严寒和暴晒的侵扰。相较于传统土民居的做法，我们把房子的开间与开窗都作了适度的扩大，来满足室内的公共活动对采光的需求，同时也改变了传统土房子室内一直以来给人的狭小、阴暗的印象。墙身上的混凝土墙基及梁并没有都被隐藏起来，而是作为与窗和墙同样的立面元素显露出来，如实地呈现了墙体自身的结构逻辑关系。而这样的结构也满足了当地对建筑的8度抗震设防烈度要求。

对于屋架，出于对综合空间尺度、建造难度、工期尤其是经济性的考量，我们最终选择了相对便宜、成熟的钢屋架及彩钢复合保温屋面，而不是当地传统的木构屋架与青瓦。同时，我们在当地收集了很多玉米脱粒后的芯，这些东西平时是用来生火和充当牲口饲料的，我们在屋面与

夯土墙相接处使用了不少，作为墙头的保温填充材料来尽可能地减少冷桥。另外，结合厨房的使用，我们将托儿所与厨房间的隔墙按传统方式，内部设置了烟道，使墙体成为暖墙，从而最大限度地满足冬季室内的保温需求。

为了尽量减少夯土墙因粗放型施工而造成的细节上的遗憾，我们在设计上对土墙的各种收口部位均作了特殊的处理：在土墙与混凝土地梁、墙头圈梁的连接处分别嵌入了槽钢和角钢，既使土墙的边角在施工中不易破损，也能在土与混凝土两种材料之间产生有趣的视觉联系。

这个项目有着特殊的建造组织方式，没有专业的施工人员，十来名当地村民是整个项目施工建设的主体。另外，在无止桥慈善基金的组织下，近百位来自内地、香港及海外的无止桥志愿者也分批参与到施工建设之中。活动中心的建成是他们与村民共同劳动的成果，村民既是中心的建设者也是使用者。在当地，村民本身就有传统夯土的经验，对于新式夯土工艺，他们只需稍加培训，就可以胜任新的施工工作。被雇用的当地村民也可以在务农之余赚取一份额外的报酬。同时，我们更乐于见到的，也更有意义的是，这样的工作重拾了村民对传统工艺的信心，也为新式夯土技术在当地的推广播下了重要的种子。（图4.2-22）

活动中心建成后这两年，有越来越多的公共活动依托中心的公共空间展开，村民参与公共活动的积极性也在不断增加。中心尤其受村中妇女同胞欢迎，她们隔三差五就会在中心跳舞聚会。除了村民自发组织的棋牌室、儿童绘画课堂、阅读小组等公共活动，一个十年前已经解散的秦腔皮影戏班子也因为有了更方便的演出空间而得以重建，他们在中心定期排练和演出，吸引了大量村民和孩子前来观看。中心还为村里一位78岁的老中医设置了一间小中医室，为周边村民寻医问药提供更便捷的选择。年轻的村民小马也借助中心提供的空间开了一家农村淘宝商店，帮助还不熟悉网络的村民实现更便利的消费需求。（图4.2-23）

4.2-13　建成后的中心（1~2）

4.2-13 2

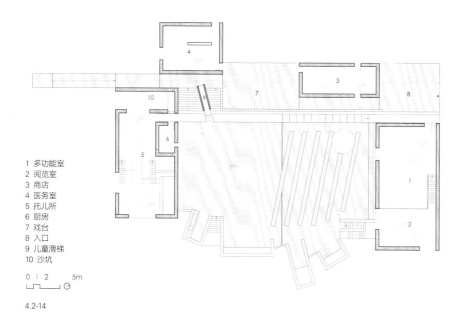

1 多功能室
2 阅览室
3 商店
4 医务室
5 托儿所
6 厨房
7 戏台
8 入口
9 儿童滑梯
10 沙坑

0 1 2　　5m

4.2-14

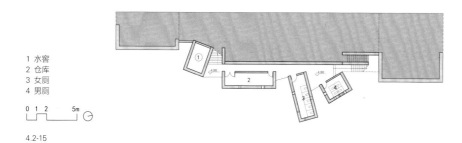

1 水窖
2 仓库
3 女厕
4 男厕

0 1 2　　5m

4.2-15

0 1 2　　5m

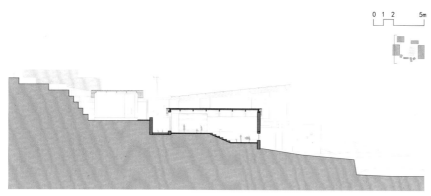

4.2-16

4.2-14　　一层平面图
4.2-15　　负一层平面图
4.2-16　　剖面图

4.2-18　瞭望台（1~2）

4.2-19 1

4.2-19 托儿所儿童活动空间（1~3）

4.2-20　1

2

4.2-20 中心一隅 :（1）从过道看托儿所儿童活动空间 ;（2）托儿所儿童活动空间 ;（3）夜晚从室外看托儿所儿童活动空间 ;（4）托儿所儿童活动空间光影 ;（5）图书室

4.2-21　场院

4.2-22　活动中心的建设以村民工匠为主力，在 80 多位大学生志愿者
　　　　的共同参与下实施完成（1~4）

4.2-23　落成后的中心已成为开展村民日常活动、志愿者工作营和工匠
　　　　培训的基地（1~6）

万科西安大明宫楼盘
夯土景观工程

Rammed Earth Landscape
in Vanke Xi'an Daminggong Project

项目地址：陕西省西安市

项目时间：2013—2014 年

工艺类别：现代夯土

建筑设计：王戈工作室

土上工作室角色：夯土墙专项设计与施工技术指导

业主：万科地产

4.2-24

2014 年受万科西安分公司之邀，我们协助
王戈工作室完成了万科西安大明宫楼盘夯土墙景
观工程。在此过程中，我们首次引入欧美发达国
家已成熟的铝镁模板夯筑体系，结合方案设计需
要与大规模夯筑施工的特点，进行了系统的试验
研究。以此作为开端，历经若干项目的升级检
验，目前已形成了可满足大中型公共建筑施工需
要的一系列现代夯土构造设计、机具系统与施工
技术。（图 4.2-24~图 4.2-28）

4.2-24　万科西安大明宫楼盘景观中庭

4.2-25　施工场景
4.2-26　景观中庭鸟瞰

4.2-27　景观中庭一隅（1~4）

4.2-27 3

4.2-27 4

4.2-28

4.2-28　景观中庭夜景

二里头夏都遗址博物馆

Erlitou Site Museum of the Xia Capital

项目地址：河南省洛阳市偃师区

建筑面积：31 781 ㎡

项目时间：2016—2019 年

工艺类别：现代夯土

建筑设计：同济大学建筑设计研究院（集团）有限公司

土上工作室角色：夯土墙专项研究、设计与施工技术指导

业主：洛阳市文物局

二里头遗址地处洛阳盆地的核心位置。60年来持续不断的考古发掘表明，二里头遗址拥有迄今所知我国最早的城市干道网、最早的宫城和宫室建筑群、最早的青铜礼器群、最早的绿松石作坊等多项"中国之最"。二里头遗址被誉为当时中国乃至东亚地区最大的都邑聚落，也是迄今可确认的中国最早的广域王权国家都城遗址，被学术界认定为夏王朝中晚期都城遗址，是研究中国早期国家起源和文明形态的重要对象。为推进二里头遗址的保护利用，二里头夏都遗址博物馆（后文简称"夏博"）的建设被列入国家"十三五"重大文化工程，工程定位为中国最早国家形成和发展研究展示中心、夏商周断代工程和中华文明探源工程研究展示基地。

夏博由同济大学李立教授牵头设计，土上工作室负责其中夯土墙专项研究、设计与施工技术

指导工作。夏博建筑面积 31 781 ㎡，主体采用钢筋混凝土框架结构，铜板幕墙、夯土墙、清水混凝土作为围护结构主要材料。其中，夯土墙完成总量超过 4000m³。建成后的夏博已成为目前全世界规模最大的现代生土单体建筑，获得了国内外建筑界的广泛关注。（图4.2-29，图4.2-30）

根据国家《建筑工程抗震设防分类标准》，夏博作为特大型博物馆，属于乙类建筑（重点设防类），应按照提高一度（洛阳地区抗震设防烈度为 7 度，针对本项目提高到 8 度）的要求采取抗震措施，同时有着 100 年设计使用年限的高标准要求，这对于技术标准尚在完善中的现代夯土技术而言，要求极高，面临的压力和困难是史无前例的。尤其在我们加入夏博项目组时，以常规材料作为填充墙的建筑施工图设计已经完成，首层及以下主体结构施工也基本结束，我们面临着

4.2-29

4.2-30

技术和时间的双重挑战。夯土专项设计是一个需要综合考虑材料、结构、构造和施工等多方面的系统性工程。经过反复研究，我们决定在结构系统验算、细部构造深化、材料性能优化、试验数据采集、施工方案设计等五个互为支撑的关键层面，系统性地同步推进。

夏博建筑主体采用了钢筋混凝土框架结构体系。根据定稿方案，夯土作为填充材料，主要用于三类墙体形式：建筑外围护墙，平均高4.5m；室内分隔墙，最高达12m；室外景观矮墙，高度从1.2m到4.5m不等。除景观墙以外，其他夯土墙厚度均为400mm。由于主体结构施工已先行启动，夯土墙无法采用柱间填充的形式，只能将夯土墙设置于梁柱外侧。鉴于新型夯土材料容重平均高达20kN/m³，加之其变形能力远低于钢筋混凝土，如何在各类荷载作用下，确保夯土高墙与钢筋混凝土主体结构相协同，是结构系统层面需要解决的核心问题。该项目的结构设计团队经过验算后，首先通过添加少量剪力墙，提升主体结构抗侧刚度，减小大震下结构侧向位移；其次，结合主体结构侧移计算结果，对夯土围护墙按非结构构件单独进行抗震计算，以确保其遭遇地震时平面外的稳定性与平面内的抗剪承载能力。（图4.2-31~图4.2-35）

细部构造深化是夯土墙专项设计阶段的工作重心。结合现代夯土施工的特点，针对夯土墙内部及其相邻外部连接开展了系统的细部构造设计研究，基于不同的目标侧重，可概括为三种类型：其一，采用竖向构造钢柱与钢筋相结合的内部构造系统，全面提升夯土墙与主体结构的拉接，确保夯土墙的稳定，咖啡厅12m高、400mm厚的夯土墙，以及中央大厅8.5m跨度悬空的夯土墙是其中最大的挑战；其二，与不同类型门窗洞口、消防设施、设备管线等内容相结合的功能性构造措施；其三，为克服夯土在干缩开裂、防水防潮等方面存在的相对缺陷，采用压顶、勒脚、裂缝控制等特定构造措施。在此过程中，结合以往项目经验与同步开展的多项试验，历经数十轮的内部研究论证，以及与李立团队的深入研讨，力争使所有构造细节实现安全可靠、施工便捷、外观达标三方面目标的平衡。

由于在我们介入之前，夏博地下工程先期已实施完成，现场剩余可取土量远不能满足夯土墙施工所需。为确保土料颜色与土质的稳定，最终土源选定距工地30km的龙门西山工程专用取土点。我们通过土质检测与级配试验，确定了夯土原料的土砂石级配配比，使夯土的平均抗压强度达到2.5~3.0MPa（立方体试块）。该强度已达到常规填充墙所需的性能指标，但为确保夯土内部构造的有效性及100年的耐久年限，我们又在土砂石级配的基础上，添加了5%的水泥、少量有机类添加剂和植物纤维，使夯土材料的抗压强度大幅提升至6MPa，同时确保其在蓄热、吸湿、呼吸、蕴含能耗等方面的生态性能优势不被破坏。（图4.2-36，图4.2-37）

除材料级配试验以外，我们还开展了一系列原尺度的材料与构造类试验，不仅为同步开展的专项设计与竣工验收提供数据依据，也为进一步验证和优化施工方案，编订本项目施工技术指导规程奠定了重要基础。

夏博夯土墙施工由总包单位河南国安建设集团派出骨干团队负责实施。除常规的施工机具以外，夯筑采用了组装便捷精确、轻质高强度的欧洲DOKA铝镁合金模板体系，以确保施工效率与完成质量。我们对现场派驻技术人员进行全程指导和技术培训，并介绍过往培养的熟练村民工匠加入施工队伍，把握关键环节的操作。夯土墙施工于2018年6月正式启动，2019年1月完成建筑主体部分，至7月全面完工。在不到9个月的有效施工期内，完成了高达4000m³的夯土墙，不论就工程量还是施工效率而言，在国际上均罕有先例。

4.2-31

与近年一些依赖固化剂或高比例水泥等"熟"化类夯土改性做法不同，夏博项目坚持相对克制的技术策略，尽可能在保持夯土原本由"生"而来的性能优势的同时，通过材料、结构、构造、施工等多层面的系统化协同设计与贯彻实施，来达到 8 度抗震设防烈度、100 年设计使用年限的超高工程标准。能最终实现这一目标，得益于业主、设计团队、施工单位多方的高度共识与紧密协作。

二里头夏都遗址博物馆利用了先祖们常用的原料，基于当代的科技，以今天的语言，向人们呈现出二里头的往昔，使人们从大量"中国之最"的考古遗迹中，遥想夏都王城前世的文明崛起。作为大遗址博物馆，夏博最独到之处在于，同在此地的前世与今生，以同样的文化基因及其不同的载体形式，跨越数千年在这里交汇相融，共同诠释着我们从哪里来，要到哪里去……可以说，这是对于"传"与"承"最生动可贵的演绎。

4.2-32

4.2-33

4.2-31　序厅
4.2-32　主入口前区
4.2-33　北侧内庭

4.2-36 1

4.2-37

4.2-36 2

4.2-36   夏博一隅（1~2）
4.2-37   铜与土

4.2-34

4.2-35

4.2-34　中央大厅
4.2-35　中央大厅整体空间效果

2019 中国北京世界园艺博览会
生活体验馆

The Life Experience Pavilion,
2019 Beijing International Horticultural Exhibition

项目地址：北京市延庆区
建筑面积：21 000 ㎡
项目时间：2016—2019 年
工艺类别：现代夯土
建筑设计：中国建筑设计研究院有限公司第三建筑专业设计研究院
土上工作室角色：夯土墙专项设计与施工技术指导
业主：2019 年中国北京世界园艺博览会事务协调局

生活体验馆是2019 中国北京世界园艺博览会四大核心展馆之一，坐落于北京西北延庆区的妫水河畔，用地面积36 000 ㎡，建筑面积21 000 ㎡。根据园区规划定位，该馆旨在为游客提供一种独特的方式，来体验中国传统园艺文化之美和园艺科技给现代生活带来的启发。该项目由中国建筑设计研究院郑世伟副总建筑师牵头设计，我们负责其中夯土墙专项设计与施工技术指导工作。

生活体验馆规模较大，为消解其体量，将其切分成 16 个小尺度功能单元，使原本一个大体量的建筑分解形成一个体验馆聚落。在此聚落中，功能单元之间呈棋盘状，纵横交错的街巷四通八达，流动开放，便于把周边的景观与人的活动引入到建筑中来。一条南北走向的柳荫路穿过场地，从三号门一直延伸到妫河边。此路原本是一条乡间小路，路两边十多年树龄、高约 20m 的柳树，承载着属于这里的情感与记忆。为进一步消解建筑体量，16 个功能单元采用了一组坡屋面，遵循同一个曲面规律生成，整体东北高、西南低，面向园区中心，以顺应园区的整体空间态势。覆以灰色平板瓦的坡屋面，以略高于树梢的尺度，勾勒出富有北方乡村聚落特色的意象轮廓。

体验馆聚落的外界面选用了厚重、拙朴的乡土材料：用妫河卵石垒成的石笼墙、青砖砌筑的花格墙、就地取土夯筑而成的夯土墙、尺度亲切的木格栅墙……所有乡土材料就地取材，节约了

大量运输成本。由此形成的聚落立面不仅呈现出材料自身的美，以及延庆地区传统村落特有的质感，而且也结合平面功能，巧妙地隐藏了设备机房、卫生间、楼梯间等需要采光或通风的辅助设施。其中，毗邻主入口广场的两个单元采用夯土作为外围护结构。夯土墙设置于主体框架结构平面之外，与主体结构采用柔性连接，以消解地震作用力下夯土墙对主体结构的负面影响。由于就近采集的土料具有较强的干缩性，夯土墙间隔设置干缩缝构造，以主动控制的方式降低墙面产生随机裂缝的几率。（图4.2-38~图4.2-42）

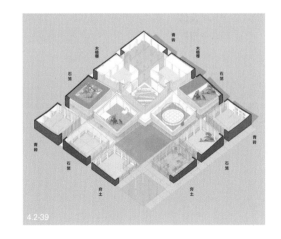

4.2-38　生活体验馆鸟瞰
4.2-39　外界面材料构成

4.2-40　生活体验馆前区广场
4.2-41　夜景鸟瞰

4.2-42　生活体验馆一隅（1~3）

2019 中国北京世界园艺博览会
中国馆生态文化展区序厅

The Eco-culture Exhibition Lobby of the China Pavilion, 2019 Beijing International Horticultural Exhibition

项目地址：北京市延庆区
项目时间：2019 年
工艺类别：薄壁夯筑
策划创意：清华大学美术学院
土上工作室角色：细部设计与施工
业主：2019 年中国北京世界园艺博览会事务协调局

　　由中国建筑设计研究院崔恺院士设计的 2019 中国北京世界园艺博览会中国馆，是此次博览会的核心场馆。馆内汇集了中国 31 个省区市园艺产业、生态文明建设成果以及科研院校探索的前沿成果，是中国园艺产业的发展成就和高新科技成果的展示平台。

　　位于中国馆地下一层的"生生不息"中国生态文化展区，面积约 3500 ㎡，由清华大学张烈教授团队主持展陈设计。该展区以"天地人和""四时景和""山水和鸣""春江风和""祥和逸居""和而共生"之"六和"为题，分别表现和谐质朴的中国生态观、江山多娇的绿色发展观、山水林田湖草生态整体观、成果共享的民生普惠观、共谋生态体系建设的共赢全球观。展区序厅采用"仰观天象，俯察地理，中参人和"的

4.2-43

4.2-43　"中国生态文化展区"序厅位于负一层交通大厅

4.2-44

创意理念，以夯土为底墨，蕴含种子的亚克力光柱嵌于其中，宛若星辰，共同营造出天、地与生命生生不息的序厅映像。（图4.2-43，图4.2-44）

根据该意象创意，针对夯筑底景墙开展细部效果与构造设计，并带领工匠现场实施完成。考虑到展陈的临时性定位，夯筑底景墙采用薄壁夯筑技术，墙高3.2m，夯土厚度仅为80mm。选用来自云南、广东与河北地区的黄土和红土作为主材，展现不同类型土料的固有色彩，并通过调整配合比、水分与夯击力度，在确保整体强度的同时，形成丰富的色彩肌理与山河意境效果。在此，夯筑技术的应用更侧重于表现其特有的分层肌理效果，而80mm超薄的壁厚对夯筑工艺提出了远高于常规夯土墙的强度要求。为此，我们采用了相应的内部勘固构造，并利用少量改性措施大幅提升了薄壁夯土的力学性能。与此同时，在薄壁墙中嵌入可透射种子的亚克力棒，并利用墙面文字投影实现预定的意象展示效果。（图4.2-45）

4.2-44　扶梯入口正对展区主题夯土墙

4.2-45 1

4.2-45 序厅一隅（1~6）

4.2-45 2

"崖"餐厅
Ya Restaurant

项目地址：北京市东城区
建筑面积：250 ㎡
项目时间：2018—2019 年
工艺类别：薄壁夯筑
建筑设计：C+ Architects
土上工作室角色：夯土墙专项设计与施工

4.2-46

位于北京大方家胡同的"崖"，是程艳春团队为 Under Clouds 餐饮品牌设计的一间云南菜餐厅，由胡同合院改造而成。餐厅从场地的解读到就餐环境的重新定义，从建筑结构加固到室内空间重构，从材料选择到食物呈现，始终贯穿着"云南文化的现代性表达"的主题。

合院里有一棵逾百年的枣树，被曾经的改造工程围在了室内。为了让枣树恢复昔日自然的生长状态，使整栋房屋可以自由地呼吸，设计开放出一个庭院，并以树为中心重新构建了空间场景序列。借用"崖"的"高边"之意，设计强调了空间的视觉趣味性。东侧就餐区下沉70cm，与西侧就餐区域及庭院形成了竖向上的互动。通往露台的户外楼梯分为两部分：底部是浅色现浇混凝土台阶基座，和室内高差保持了意象上的统一；上面是一段钢楼梯，与从屋顶伸出的"断

4.2-46　"崖"餐厅阳光庭院

4.2-47 "崖"餐厅坐落于"银河 SOHO"附近的大方家胡同中院
（1~2）

桥"一实一虚,皆为让人意想不到的欣赏"崖"的场所。下沉就餐区上方是 T 型钢做骨架的 V 字形天窗,在避开主要树干生长方向的同时,更把代表云南的强烈、真实且具有力量感的"原风景"引入餐厅。就餐者抬头仰望,可以感到近在咫尺的蓝天白云。从屋顶看过去,天窗倒映了天色和树影,像是漂浮的水池,傍晚灯光亮起,又会透出点亮城市的暖光。东侧植入的一整面现代夯土墙,寓意着云南土地的再生。每日变幻的光影在墙上流动,随着时间慢慢沉淀。墙体延伸到室外,与天窗一起将风景自然地引入建筑内部。室内高差分界线处的洞口像一个取景窗,将庭院和夯土墙的画面完整呈现出来,调动了西侧就餐区客人的视线。

正如"崖"餐厅的主要食材来自云南一样,夯土墙所用土料也选用了来自云南沙溪的红土。受场地空间所限,现场无法实现更具体量感的夯土墙。因此,我们依托既有砖墙,采用了薄壁夯筑工艺,以 10cm 的厚度实现了现代夯土特有的色彩肌理效果。(图4.2-46~图4.2-49)

4.2-48 1

4.2-48   阳光庭院一隅(1~4)

4.2-48　3

4

4.2-49

4.2-49　光影与肌理

万涧村儿童公益书屋
Charitable Children's Book House of Wanjian Village

项目地址：安徽省安庆市潜山县龙潭乡万涧村
建筑面积：139 ㎡
项目时间：2018—2019 年
工艺类别：传统土坯民居改造更新
土上工作室角色：建筑设计与施工技术指导
业主：中国城市规划设计研究院
项目资助：中国城市规划设计研究院
施工：龙潭乡村民工匠

该项目为安徽省住建厅委托中国城市规划设计研究院（以下简称"中规院"）开展的皖南传统村落保护试点工作中的一个示范公益项目，由中规院团队负责策划统筹，土上工作室牵头设计，联合多个专业团队和当地村民工匠共同实施完成。建设费用来自中国城市规划设计研究院的党费定向援助。

万涧村被列入住建部第五批"中国传统村落名录"，村内 60% 以上的房屋仍为皖南地区典型的传统土坯民居，但空废化现象十分普遍。与此同时，与其他偏远贫困农村地区一样，村内及周边 200 余名留守儿童的教育成长问题也日趋严峻。在此背景下，在中规院的统筹下，由包括土上工作室在内的建筑、教育、社会学等多专业人员组建的联合团队，通过与当地村民及住建系统的研讨互动，共同决定将村内一座废弃的土坯房屋改造成儿童书屋，以便为开展多种形式的留守儿童公益活动提供场地，同时，通过从前期策划直至建成运行的全过程研究，探索传统村落空废化房屋活化利用与村落社区可持续健康发展的方法路径。（图 4.2-50，图 4.2-51）

这座废弃的土坯房屋由村集体建造于 1981 年，用作手工制造竹纸的小作坊，使用两年后废弃至今。房屋东侧有一个用于晾晒纸张的露台，南侧紧邻大片宜人的竹海。房屋采用土坯墙承重与双坡木屋架结构，室内隔墙将内部划分为四个低矮昏暗的房间。现场勘测评估发现，原有屋架木构架质量较差，年久失修已无法再利用，落架并替换新的屋面结构在所难免。（图 4.2-52）

4.2-50　面向竹林的气泡窗

基于现状评估分析，结合儿童书屋的运行特点和功能需求，遵循简洁朴素、高效易行、安全适用的原则，研究制定了相应的改造策略：利用屋面结构替换更新的契机，加固并优化原有房屋结构体系；充分结合新结构体系设计，优化室内空间布局，提升室内空间品质与功能使用弹性，满足多种活动形式的空间利用需求；除必要的门窗洞口原位更新以外，尽可能减小对建筑外部原风貌的扰动，留存村民们 30 年来在物质层面的共同记忆。

为减轻土坯外墙的荷载压力，室内原有非承重隔墙被一个置入的混凝土框架取代，使原本外墙承重结构转变为中心框架与外墙联合承重结构体系。该框架如同仅有一半桌面的四腿"方桌"，不仅可确保整个房屋的结构安全，而且其四条"桌腿"、桌面等结构构成，连同保留下来的土坯外墙一起，成为重新定义室内空间的界定要素。根据"方桌"上下、左右、前后等相对位置的不同，形成了一系列可满足多种功能需要的室内空间区域，以及相应的宽窄、高低、明暗等相互交替的空间体验。"桌下"，可通过框架梁下帘布的开合与"桌子"北、东、西三侧，共同形成可被灵活划分与拓展的多功能空间，以满足孩子们上课、游戏、展览以及村民小组会议等多种使用需求；"桌子"南侧，利用兼作楼梯之用的书架，分隔形成相对安静的读书空间。为解决原有房屋土坯外墙开窗受限和室内层高局促的问题，原顶部主屋面由东西坡向改为南北坡向，并将屋脊适当抬高，以此不仅可以利用旋转后形成的三角山面设置高窗，大幅改善室内自然采光条件，而且连通一半"桌面"，形成可领略自然、远眺天柱山的二层静怡空间。新屋面上设置的气泡窗不仅克服了楼梯上人高度的限制，而且为孩子们创造了一个风中竹林炫动的梦幻体验。（图 4.2-53~图 4.2-56）

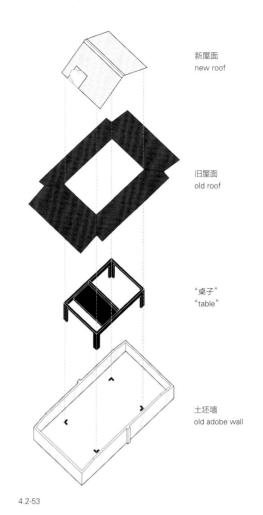

新屋面
new roof

旧屋面
old roof

"桌子"
"table"

土坯墙
old adobe wall

4.2-53

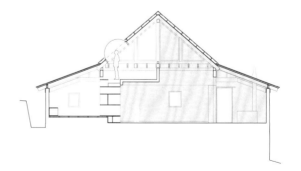

4.2-54

4.2-53　概念构成
4.2-54　剖面图

4.2-51　改造后的西立面夜景
4.2-52　改造前的房屋状况（1~2）

4.2-57 1

4.2-58

4.2-59

4.2-57　改造后的东立面（1~2）
4.2-58　竹林与书屋
4.2-59　土坯墙的加固尽可能留存了村民们在物质层面共同的记忆

4.2-57　2

4.2-60　　"桌子"下部的室内空间

4.2-61　室内空间：（1）"桌面"上的阁楼空间；（2）从室内看面向竹林的气泡窗；（3）室内通高空间

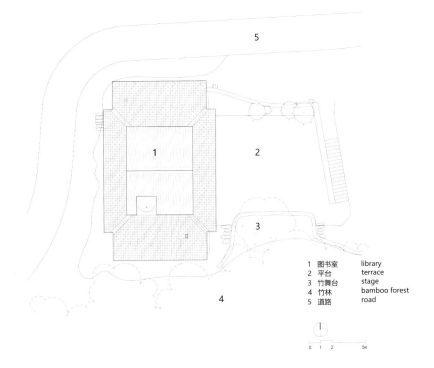

1 图书室　　library
2 平台　　　terrace
3 竹舞台　　stage
4 竹林　　　bamboo forest
5 道路　　　road

0　1　2　　　5m

4.2-55

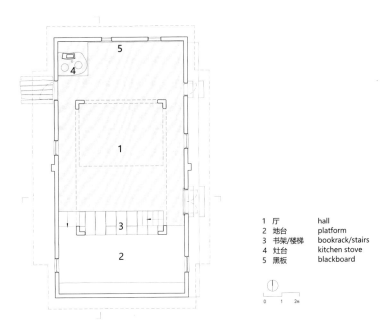

1 厅　　　　　hall
2 地台　　　　platform
3 书架/楼梯　　bookrack/stairs
4 灶台　　　　kitchen stove
5 黑板　　　　blackboard

0　1　2m

4.2-56

4.2-55　　总平面图
4.2-56　　平面图

4.2-62　1

4.2-63

4.2-64

4.2-62　"桌子"限定出的多重空间（1~4）
4.2-63　"桌子"局部
4.2-64　"桌"腿

4.2-62 2

3

4

在相对粗放的乡村施工组织模式下，我们努力探索用简单、易操作的技术措施来解决复杂的问题，满足多种形式的使用需求，并营造丰富的空间体验。置入室内空间的混凝土框架是其中的关键。这一方桌形态框架体的置入，可谓一举多得：①接替已局部外闪的原夯土外墙的承重角色，承载整个屋面系统；②混凝土框架与夯土外墙之间通过修缮后的次屋面檩条和墙顶木圈梁拉结形成一体，从而使混凝土框架发挥类似核心筒的作用，有效抵抗地震作用力，确保房屋的整体结构安全；③"方桌"上部的一半"桌面"作为平台，与同样依托"方桌"承载的双坡主屋面共同营造出一个充满阳光、竹影、山景的二层静怡空间；④混凝土框架梁、L形柱、兼作楼梯之用的书架以及土坯外墙，共同成为重新定义室内空间、满足多功能弹性使用需要的空间界定要素。

潜山地区盛产的竹材多用于竹编用品，缺乏竹材建构的传统和经验。受限于林木保育政策，木材亦非丰富的本地资源。相对于木框架与轻钢结构，用常规现浇混凝土作框架材料不仅有利于当地工匠操作实施，且只需简单的构造处理，就能满足框架作为房屋结构核心及儿童活动场地刚度需要。对于已存在安全隐患的土坯外墙，在室内侧用3cm厚挂网砂浆进行勘固，确保安全性的同时，避免对外部原风貌的扰动。（图4.2-57~图4.2-64）

书屋运营采取村民互助和社工志愿者服务相结合的模式，以几乎零成本的方式保障了书屋的良好运行，书屋已逐渐成为当地留守的儿童们放眼世界，与城市的孩子们一起成长的小天地。（图4.2-65）

4.2-65　如今书屋已进入良好的自组织运行状态（1~5）

只有河南 · 戏剧幻城：
东大墙与剧场酒店

Henan Dramatic City:
Eastern City Wall and Theater Hotel

项目地址：河南省郑州市
项目时间：2020—2021 年
工艺类别：扶壁夯筑，薄壁夯筑，工艺夯土
建筑设计：北京市建筑设计研究院
室内设计：Studio Stay 永续设计
土上工作室角色：东大墙——夯土墙专项设计与施工技术
　　　　　　　指导，酒店室内——夯土制品设计与施工
业主：建业集团

　　"只有河南·戏剧幻城"是一座拥有21 个剧场、以演艺为特色的戏剧主题公园，由建业集团携手王潮歌导演、王戈工作室共同打造，以"幻城"建筑为载体，通过讲述关于"土地、粮食、传承"的故事，致力于让更多人感受戏剧文化的魅力。幻城主体为325m×325m 具有中国烙印的方形城郭式布局，内部以传统"院落"为原型，通过将建筑与墙融合在一起，使建筑的形体和形象弱化，消解观众对剧场建筑的固有认知。

　　幻城由高15m 的"城墙"围合。当我们受业主与王戈工作室的邀请参与该项目时，幻城已全面开工。限于工期，业主选择用现代夯土技术来打造面向东侧主入口广场的东大墙，以真实的夯土墙形成进入幻城前的第一印象。由于其时毗邻东大墙的建筑地下工程和墙体基础施工已完成，东大墙只能采取相对独立的结构形式，这对于全长326m（划分为南北两段）、高达15m、没有任何横墙支撑的一字形夯土墙而言，需要解决一系列抗震、耐候、施工等方面的难题。受空间所限，无法通过增加夯土墙厚度来应对水平地震作用力，我们结合过往经验与专项试验，最终采用具有扶壁梁柱的混凝土基墙作为东大墙抗震结构主体，夯土墙紧贴其东侧通过内部钢筋系统与结构主体逐层拉结，形成有效的抗震系统。夯土墙厚度压缩至350mm。东大墙建成后，形成戏剧幻城的标志性印象以及东广场灯光秀表演的投影背墙，全长326m、高15m 的巨幅清明上河图徐徐展开，在夯土墙特有的肌理映衬下显得格外震撼。

4.2-66　戏剧幻城俯视图

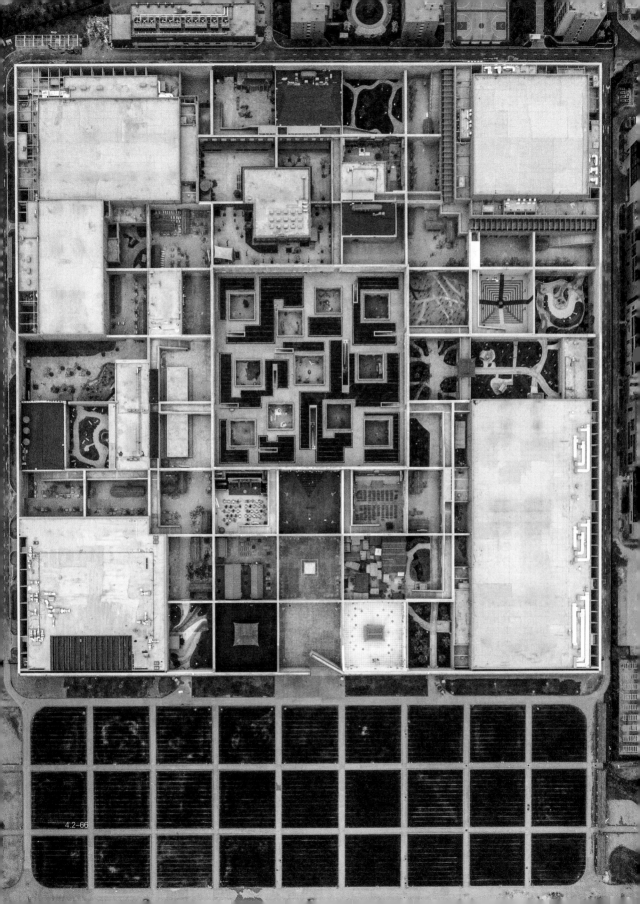

4.2-66

4.2-67　戏剧幻城东大墙整体鸟瞰

4.2-68 1

2

4.2-68 东大墙入口区（1~3）

3

4.2-69　东大墙投影秀（1~3）

在毗邻幻城北侧的剧场酒店，业主希望以夯筑工艺效果作为酒店办公区室内设计主题线索。我们根据永续设计的室内设计方案，通过效果设计与构造设计，及大量小样试制工作，将过往积累的薄壁夯筑与夯土马赛克工艺以内墙饰面、接待台、吧台为载体呈现于酒店大堂、餐厅、走廊等公共空间。酒店室内夯筑由土上工作室带领工匠历时两个多月的艰苦冬季作业完成。（图4.2-66~图4.2-72）

4.2-70　剧场酒店薄壁夯筑（1~4）

4.2-71 1

4.2-72　夯土马赛克饰面（1~2）

现代生土建筑研究中心
暨土上工作室
Modern Earth Architecture Research Center and On Earth Studio

项目地址：北京市西城区
项目时间：2018—2019 年
工艺类别：改造更新，现代夯土，工艺夯土
土上工作室角色：建筑设计，施工技术指导
业主：北京建筑大学

　　现代生土建筑研究中心暨土上工作室位于北京建筑大学西城校区内，原址是一座砖混结构的一层小型超市，由多个大小不一的房间组成。2018 年超市搬迁后，学校委托我们对其进行改造设计，使其成为土上工作室日常办公空间，兼具现代生土相关的展示、宣传和交流功能。受建筑属性所限，外围护结构与层高须保持现状。我们结合功能空间需求进行了一系列的改造优化：对主体结构进行加固，同时调整内部空间布局，形成开放办公、会议、展陈等空间，原有杂物后院改造为庭院，形成以庭院为核心的 U 形合院布局；在原屋面、墙体增设外保温，并依附原东侧墙体加设一道 L 形夯土墙，形成中心入口区。改造施工历时两个多月，其中夯土墙由土上工作室利用现代夯土技术指导施工单位实施完成。（图 4.2-73~ 图 4.2-78）

4.2-73

4.2-73　　中心入口

4.2-74 1

4.2-74　中心入口区（1~3）

4.2-75　采用预制装配工艺制作的夯土展台（1~2）

4.2-76　中心一隅（1~4）

4.2-76　4

4.2-77

4.2-78 1

2

3

4.2-77　土上工作室按地域分布展示的部分土样
4.2-78　研究生与马岔村民工匠（1~3）

2019 深港城市\建筑双城双年展（深圳）

Shenzhen 2019 Bi-City Biennale of Urbanism\Architecture

项目地址：广东省深圳市
项目时间：2019年
工艺类别：改造更新，现代夯土，工艺夯土
土上工作室角色：建筑设计，施工技术指导
业主：深港城市\建筑双城双年展主办方

作为客家传统夯土建造的样本，观澜古墟的骑楼街巷与碉楼在深圳已十分少见。在此背景下，我们应策展方"有方"之邀，以现代的生土建造工艺在古墟中完成了一组新的夯土装置，使其与原客家夯土碉楼在同一时空内形成有趣的对话和传承。该装置"垣"设置在观澜古墟中心广场古寺前的澜阁（公益酒家）与夯土碉楼夹道之间，是一组高低不等的墙垣，平行于澜阁，呈一条直线指向古寺旁的另一碉楼。墙垣高低不同，各自构成了墙、台、条墩等有一定使用功能的构筑物。（图4.2-79~图4.2-82）

4.2-79

4.2-79　马岭村民工匠邢永、张强
4.2-80　墙垣一隅（1~3）

4.2-80 2

3

4.2-81　施工场景（1~3）
4.2-82　局部（1~2）

4.3 视觉表现与设计
Visual Expression and Design

土的色彩
Colors of Earth

土作为一种自然物质，其色彩十分丰富，常见的有棕色、黄色、红色、黑色、灰白，不太常见的有蓝色、紫色、青色等。从物理角度而言，土的颜色是土对太阳辐射在人眼可识别的光谱范围内的选择吸收和漫反射的结果，土壤反射的那部分可见光的颜色决定了土的颜色[65]80。同等湿度条件下，土的颜色受多种因素影响。除环境光线的客观因素以外，主要影响因素有土中的有机质含量、矿物组成和土壤结构状况。

有机质含量主要影响土壤颜色的明度，含量越高土呈现的颜色越暗，含量越低颜色越浅。这是因为土壤中有机质的腐殖质总体呈黑色，腐殖质含量越高对土壤颗粒的染色越重。例如，当有机质含量在2%~3%时，土壤颜色呈灰黑色，当高于4%时，土壤颜色呈黑色或深黑色。

土壤中的矿物质，主要影响土壤颜色的色相。矿物质自身的颜色及其含量对土壤具有直接的染色作用。例如，针铁矿呈黄色，黄钾铁矾呈浅黄色，赤铁矿与纤铁矿呈红色，水铁矿为暗红色，硫化铁、黄铁矿与钙锰矿呈黑色，石膏呈浅棕色，方解石与石灰岩呈白色，而当锰化物和结晶性氧化铁含量较高时，土壤会呈现出少见的、悦目的淡紫色。不同地区甚至同一地区不同位置的土壤中，矿物质构成也可能差异较大，这些矿

物质因其含量的不同，如同颜料，在土壤中发挥着混合调色作用，使土壤呈现出丰富多样的色彩。此外，土壤结构状况对于土壤颜色也有一定的影响。比如，处于团块状态的土壤颜色，往往比其被碾碎成粉末后略深。

由于颜色是土壤内在性质的外在反映，在土壤学领域，土壤颜色是分析判断土壤内部成分与结构状况，并进行土壤类型甄别的重要表观依

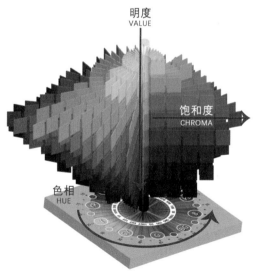

4.3-1

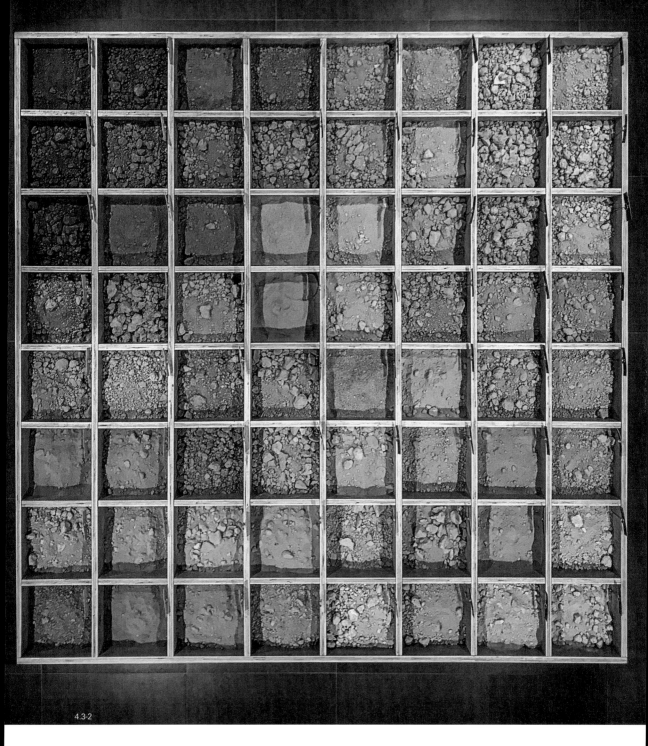

4.3-2

4.3-1　　孟塞尔颜色系统
4.3-2　　2017 年生土建筑专题展中"土的色彩"呈现

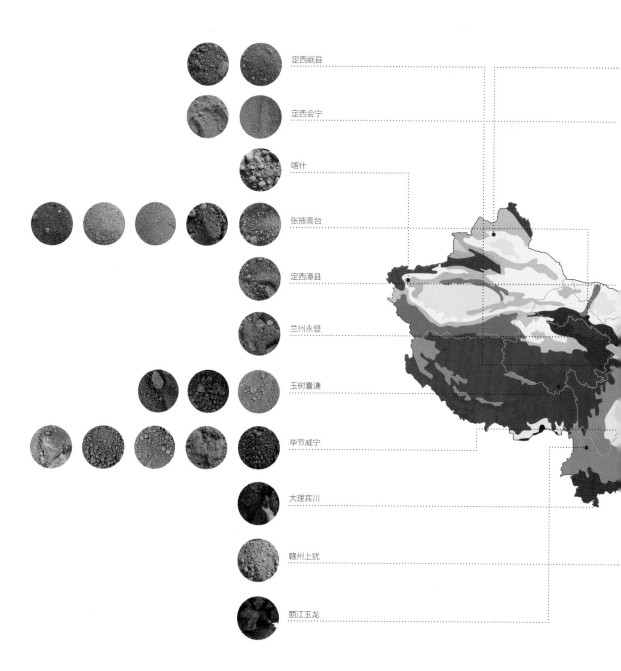

定西岷县

定西会宁

喀什

张掖高台

定西漳县

兰州永登

玉树囊谦

毕节威宁

大理宾川

赣州上犹

丽江玉龙

4.3-3

4.3-3　十几年来土上工作室采集的部分土样及其分布

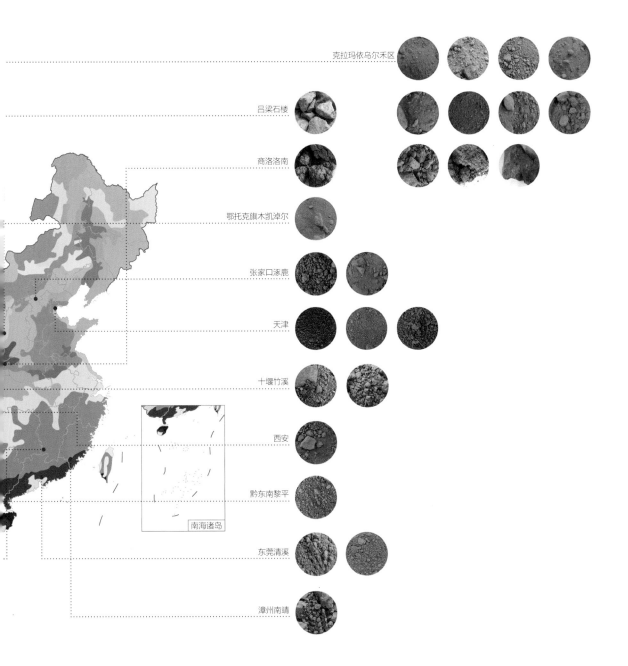

克拉玛依乌尔禾区

吕梁石楼

商洛洛南

鄂托克旗木凯淖尔

张家口涿鹿

天津

十堰竹溪

西安

黔东南黎平

东莞清溪

漳州南靖

南海诸岛

4.3-4

据之一。与印刷、纺织、塑胶、绘图、数码科技等领域通用的潘通（Pantone）色彩沟通系统的角色类似，在国际土壤学领域，通常利用孟塞尔颜色系统（Munsell Color System）对土壤颜色进行描述，使颜色甄别、记录和沟通更为确切和便捷。在孟塞尔颜色系统中，明度、色相及饱和度这三个色彩的核心维度被系统量化分级，并用相应的代表字母和数字按"色相、明度／饱和度"的顺序依次标出。例如，在颜色代号 10YR6/4 中，10YR 代表色相，6 代表明度级别，4 代表饱和度。在实际操作中，将土壤样品与带有孟塞尔标准色阶的色卡进行颜色对比，即可快捷地分辨和记录土样的颜色。举例而言，广泛分布于云贵高原的山原红壤，颜色以 2.5YR4/8 为主；黄土高原最常见的黄绵土，颜色多为 2.5Y7/2 和 2.5Y7/3；在福建、广西沿海地区常见赤红壤，多为 2.5YR 3/6 和 2.5YR 4/8。

根据生土材料优化理论，除蒙脱石、蛭石

4.3-4　在土上工作室按地域分布展示的部分土样

等具有极强湿胀干缩性的土质类型以外，通过土砂石级配、添加剂、施工工艺等方面的措施，绝大多数土质类型的土壤均可作为生土材料使用。在此背景下，与土壤学领域通过色彩分析土壤构成的侧重不同，对于建筑师而言，土料呈现出的色彩，逐渐成为材料选择关注的要素之一。在过去十几年的基础调研和项目实践过程中，我们在全国典型区域采集了200余种土样进行土质分析，也由此逐渐形成了研究和应用所需的土质数据库。在2017年的生土建筑专题展览中，我们将部分土样汇聚在一起，第一次领略到土壤色彩的丰富多样，以及祖国大地的绚烂多彩。如同画家面对着五颜六色的颜料，这也激发着我们不断探索和拓展生土材料在设计表现方面的应用潜力。（图4.3-1~图4.3-5）

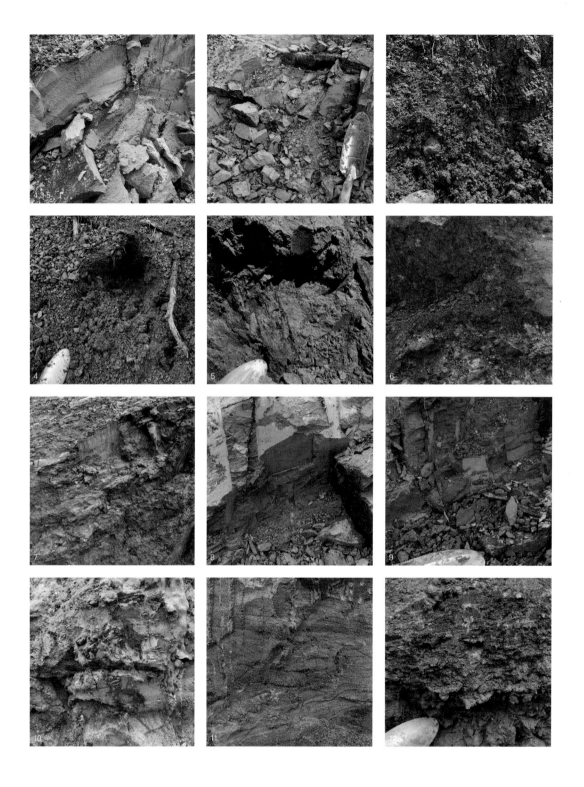

4.3-5　土样采集时的原状土色彩（1~12）

材料美学与设计
Material Aesthetics and Design

"土，地之吐生万物者也"（东汉许慎《说文解字》）。土生之万物，是人类得以生存繁衍的基础。尤其在中国，土和土地是延绵数千年的中华农耕文明的核心要素，深刻地融入中国传统文化和日常生产生活的诸多方面。

因此，从材料美学的角度，与混凝土、钢材、玻璃等工业化建材相比，人们对生土材料具有天然的亲近感。由生土建构出的空间，人在可感知的生理层面几乎可以作出全方位的回应，其在视觉、触觉、气味甚至听觉上，都能表现出卓越而独特的质感。

优秀的建筑师们善于追求并强调材料的结构逻辑与装饰性的统一，他们会将抽象的设计过程一直延伸到具体的施工，从而更加有效地控制建筑设计所要表达的意图。而土作为一种自然材料应用于建筑，不论在工艺上有着怎样的差别（夯、抹、砌、挖、堆等），所有这些差别都能被诚实地反映在最终的完成面上，建筑师们愿意借助这些不同工艺所留下的痕迹，在为空间提供装饰性的同时，也使自身的设计创造出更为多元的价值。这也是为什么生土这种材料越来越受建筑师和设计师青睐。

材料与工艺是一个硬币的两面，它们也总是会与审美放在一起探讨。以夯土墙为例，它在结构和视觉上都是对自然地质沉积层的模仿。水平方向的虚实分层肌理是其区别于其他材料的最重要、最基本的视觉特征，也是夯筑工艺本身的自然体现。正是这种充满力量感的原始粗犷与真实，形成了夯土墙这种材料语言的独特感染力。但即便同样是夯筑工艺，土料构成、结构构造、水分控制、夯锤模具、夯击力度、干燥过程等关联要素中任一项的变化，都会对夯土肌理、色彩、形态、强度等效果带来影响，使土墙最终呈现出的感官效果大不相同。

随着生土材料科学及其相关技术体系的不断完善，这些相互关联的要素和变量已从过去的随机不可控逐渐成为创作可以依托的工具，其所带来的结果的多元与多样化为生土在材料表现、建筑设计乃至工艺设计领域的应用带来了巨大的探索空间，使生土这一曾盛行数千年、如今几乎退出历史舞台的传统材料，如同昔日的土布之于现代的纯棉，有机会以温暖、亲切的姿态进入现代材料体系，重新回归人们的生活。

这也是过去十多年间，土上工作室师生在基础研究和项目实践之余，不断探索生土材料表现与设计应用潜力的激情与动力来源。在北京建筑大学现代生土建筑研究中心，以不同原色的生土为材，从大量小型试件出发，到墙体片段，直至进入建筑尺度，在强度、色彩、肌理、形态等层面，不断进行开放式的设计与制作尝试已成为师生日常工作的常态，甚至也成为硕士新生加入之初的必修功课，如同建筑学一年级的"墨线训练"，动手练心，并以生土为载体，理解材料表现及其之于设计的本质意义。

以此为基础，近年来我们也在工艺品类的尺度层面，积极探索生土材料更为多元细腻的表现潜力及其相应的加工技术。与大众的常规认知不同，由于材料尺度缩小带来的总体强度的下降，工艺品设计对材料单位面积或体积的力学强度的要求，往往远高于建筑尺度下对同一材料的要求。这也是生土材料在工艺品类设计应用中需要应对的核心挑战之一。为此，在建筑层面已形成的成果经验的基础上，我们进一步挖掘国内外生土材料性能优化的传统智慧，结合生土材料科学相关理论并引入 3D 打印等新型技术工具，通过大量毫米级尺度的制作试验，目前已形成了一系列基于原料构成、材料加工、外力强度、水分控制、模具形态等多因素平衡控制的生土制品加工方法。这些近人尺度的成果和经验，反过来又进一步推动了建筑尺度的技术进步。我们相信通过创造性的设计，生土材料会继续不断地为我们生活的各个方面提供更多美好的选择。(图4.3-6)

在此，引用师生日常完成的部分习作，抛砖引玉，以小窥大，与大家一同体味和思考生土作为一种"新"的传统材料，其潜在的设计语言、表现形式与相适宜的应用定位。

4.3-6　1

4.3-6　"土生土长"生土建筑实践京港双城展（1~5）

夯土小样

　　因常规模具规格的不同，夯土立方、棱柱、圆柱等试块单边或直径的尺寸多在5~20cm之间。其主要用于夯筑施工前，对土砂石级配形成的夯土质量进行校验。随着对夯筑工艺视觉效果要求的不断提升，各类夯土试块不仅同时扮演着色彩肌理分析与控制校验的角色，也为生土材料美学应用与设计提供了广阔的想象空间。（图4.3-7）

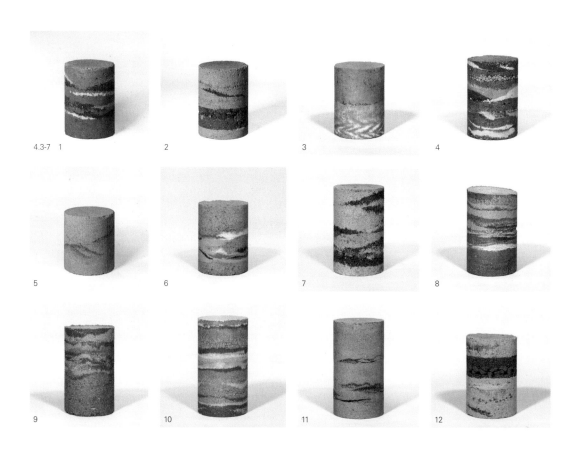

4.3-7　1

2

3

4

5

6

7

8

9

10

11

12

4.3-7　　夯土工艺柱体试块（1~25）

25

13

14

15

16

17

18

19

20

21

22

23

24

夯土片

夯筑工艺样片是利用土上工作室特制的板片状模具夯筑而成。样片与建筑模型的模拟功能相似，通过分层夯筑试制，研究分析夯筑可形成的色彩、肌理与分层变化效果，及其含水率、材料构成、夯击力度等相关控制要素，并作为设计方比对论证夯筑效果定位的样本。^{（图4.3-8）}

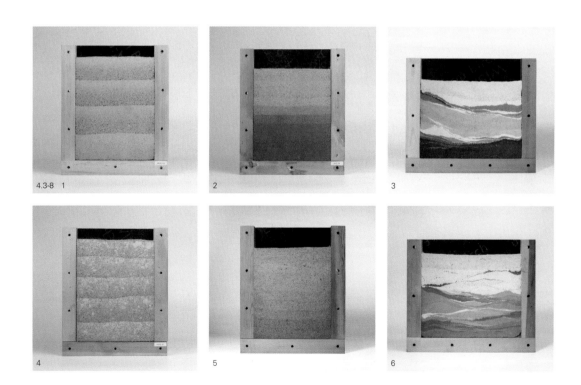

| 4.3-8 1 | 2 | 3 |
| 4 | 5 | 6 |

4.3-8　夯筑工艺样片（1~10）

7

8

9

10

生土浇筑

生土现浇工艺源自欧洲，脱胎于混凝土现浇技术，旨在利用具有黏粘效应的生土黏粒来替代或部分替代混凝土中水泥的角色，以降低能耗与碳排放。尽管根据混凝土施工技术原理，砂石骨料中过高的含泥量会降低混凝土成品的强度并增大其干缩系数，但迄今为止的大量试验发现，在少量减水剂等环保性添加剂的辅助下，现浇生土完全可达到非承重建材的强度要求，可应用于填充墙、室内装修、产品设计等领域。除水泥用量大幅降低以外，生土现浇工艺在原材料构成、浇筑振捣、成品养护等工艺流程方面与混凝土施工相似，也由此可通过进一步的工艺设计，引入混凝土材料应用和表现的大量成熟经验，兼具生态性能与视觉表现的优势。（图4.3-9）

4.3-9　1

2

3

4

4.3-9　　生土现浇工艺试块（1~8）

5

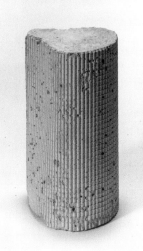

6

7

8

生土抹面

生土抹面是应用历史最悠久的传统生土工艺之一，多用于建筑室内外墙面的找平、装饰与保护。与其他类型的传统生土工艺一样，在耐水性能方面存在的相对缺陷，极大地制约了传统生土抹面工艺的现代应用。随着生土材料科学的发展，生土抹面工艺在耐水性能方面已得到了大幅提升。尤其在日本，基于工匠传承体系，生土抹面传统手工艺的特质在现代设计的加持下，展现出兼具传统底蕴和现代美学且丰富多元的表现力。作为土上工作室导师之一的铃木晋作先生，是国际著名的生土抹面专家。图中展现的是铃木晋作先生制作的一系列生土抹面小样。利用生土、细砂等基本原料，通过研磨、筛分等细致的材料初加工，以及多层往复精细的涂抹与表面处理，结合灯光设计可获得丰富多样的色彩和肌理表现效果。（图4.3-10）

4.3-10　1　　　　2　　　　3

4.3-10　生土抹面工艺样片（1~9）

器型类生土工艺品

　　器型类生土工艺品主要依托手工夯筑或浇筑工艺，根据使用功能定位，结合其他材料形成互补，通过纯手工夯击制作而成，可以在保持夯土特有的视觉语言的同时，具有更为细腻且更有温度的手工质感。此外，团队近年也在从小尺度的工艺品类出发，积极探索生土 3D 打印技术及其应用潜力。（图4.3-11~图4.3-17）

4.3-11　1

2

3

4

4.3-11　手工夯制而成的承花摆件（1~4）

4.3-12

4.3-13

4.3-14　1

2

4.3-12　"鸟巢"
4.3-13　2017 年生土建筑专题展纪念品
4.3-14　花器（1~2）

4.3-15

4.3-16

4.3-15   基于传统工艺手工制作的"土球"
4.3-16   生土夯制而成的香薰摆件（获得2018年意大利米兰设计周
          土作设计一等奖）

4.3-17　1

2

4.3-17　采用 3D 生土打印技术制作的器皿（1~2）

马赛克饰面

　　马赛克饰面源于土上工作室制作生土试块的经验。可如同饰面砖一样，将手工加工的夯土块拼贴组合并黏结在基墙之上。通过土块的大小、色彩及表面形态的变化，在特定的照明条件下，可形成丰富的视觉效果。该工艺首次出现在2017年土上工作室举办的生土专题展，目前已成功应用于"只有河南·戏剧幻城"剧场酒店的室内公共空间设计。(图4.3-18)

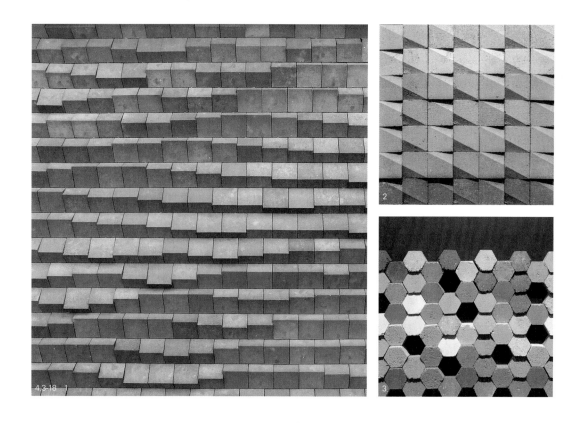

4.3-18　夯土马赛克饰面（1~3）

壁挂饰品

　　壁挂饰品也是生土工艺的另一个新兴的应用场景。采用夯筑或浇筑工艺制作的板类饰品更能真实地表现出其工艺特有的美学特质，这是目前市场上出现的仿夯土肌理的水泥类挂板制品难以模仿企及的。当然，此类制作工艺对于制作者的要求比较高，已达到工艺品乃至艺术品的层级。而目前已形成的相关的技术积累，也同样可以放大扩展到建筑尺度的装配式技术体系。（图4.3-19）

4.3-19

4.3-19　　采用夯筑工艺制作的夯土挂板饰品

夯土柱形装置

在 2017 年举办的首次生土建筑专题展中，土上工作室以现场夯筑和预制装配两种方式，分别在室内外设计制作了两个夯土柱形装置。由此可以看出，在室外景观和室内陈设装置设计层面，生土工艺同样具有极大的创作应用空间。（图 4.3-20，图 4.3-21）

4.3-20

4.3-20   利用特制模具现场机械夯筑的室外柱形装置

4.3-21 采用单元预制＋现场组装的方式完成的室内柱形装置（1~4）

后记
Postscript

　　每一种材料或施工工艺都有其相对的优势与缺陷。建筑师的核心责任，就是根据项目的需求定位和设计目标，充分利用每种材料和工艺的特点与优势，并通过建筑设计的方式避规其缺陷，也由此形成了每种材料或工艺特有的设计语言。现代生土，作为一种新的"老"材料，经过革新升级，为设计师提供了一个丰富多元的应用空间，也为建筑教育与大众科普提供了一个新的方向。

　　过去十多年间，土上工作室依托西安建筑科技大学、北京建筑大学等高校平台，在住房和城乡建设部、无止桥慈善基金、联合国教科文组织"生土建筑、文化与可持续发展"教席等机构的支持下，将科研、教学、实践与公益相结合，面向大学生、村民工匠、社会大众开展了一系列生土建筑专业教育与大众普及的探索工作。

　　在持续开展村民工匠培训的同时，土上工作室在高校也逐渐形成了面向建筑学专业本科生、硕士生以及不同专业背景学生的教学平台。在本科教学环节，自 2015 年起，我们在西安建筑科技大学、北京建筑大学、西安美术学院等高校，将生土研究的成果与实践经验引入本科设计课程教学，旨在深化学生对材料之于设计的理解，丰富与拓展学生对于传统营建智慧及其现代应用的认知，也希望为他们未来的从业发展埋下一颗种子，让这久违了的工匠精神能在学生心中生根发芽。在此过程中，学生所表现出的激情与创造力，以及教学拓展潜力，让我们备受鼓舞。在硕士研究生培养环节，学生以项目统筹和驻场建筑师的角色深度参与扶贫建设项目，在农村与村民同吃同住，组织协调多方协同工作，带领和指导村民工匠建设农宅、图书室、村民活动中心等一系列小型示范建筑。每个学生在农村的驻场时间短则两个月，长则一年。每当他们完成人生第一个建成作品回到学校时，总能从他们晒黑的面庞中欣喜地看到一份成长的蜕变和对专业认知的自信。面向更多专业领域的大学生，土上工作室在无止桥慈善基金的统筹和支持下，自 2011 年开始每年举办 1~2 次暑期工作营，指导和带领来自内地、香港以及海外的大学生志愿者，以马岔村为基地开展为期 2~4 周的扶贫公益与教学体验工作，包括传统生土民居参观调研、村民居住现状调研与访谈、基于生土营建工艺的房屋与设施示范建设及技术培训等内容。截至 2019 年，平均每年有来自 30 余所高校的 30~60 名大学生志愿者参与其中。目前该暑期工作营已成为香港大学面向全校学生的暑期选修课程。（图II-1～图II-5）

　　在大众普及方面，近年来土上工作室积极通过展览、论文、媒体以及公众号宣传等方式，提高和引导社会大众对传统生土营建智慧及其现代应用发展的认知和关注。以 2017 年土上工作室举办的首次生土建筑专题展览作为开端，土上工作室先后受邀参加了深圳华·美术馆"另一种设计"展览、无止桥生土建筑香港专题展、威尼斯建筑双年展、深港城市\建筑双城双年展、文化和旅游部中国设计大展，以及在德国、法国、英

II-1

II-1　　作者师生团队

国等地举行的多项专题展览。与此同时，土上工作室取得的系列研究实践和扶贫公益成果，也先后获得中国中央电视台、新华社、中央广播电台、凤凰卫视、《人民日报》《中国青年报》等传统主流媒体，以及澎湃网、一席、CC讲坛等新媒体平台的关注和跟踪报道，由此将生土营建的研究与实践主题从专业教学领域逐步拓展到大众普及领域。面对参与学生及社会大众所表现出的极大热情，我们深感欣慰，近年来随着社会各界对于传统文化传承越来越多的关注和投入，我们已经不需要像过去那样总是面临"为什么要传统""为什么要传承"这样的问题。然而，"什么是传承""传承什么""如何传""谁来承"已经成为专业领域与全社会所共同面临的亟待研究与多元实践的深层问题。(图II-6~图II-9)

每当被问及传统生土和所谓现代生土的共性和差异时，我们往往会拿布料来做比喻。传统生土就像过去人们穿的土布，用棉花土法手工织造，曾经被视为只有穷人才会用的布料。随着聚酯纤维的发明，可机械化量产、更为平整光鲜、更易于裁剪塑形的"的确良"布料，一度风靡全国。而今天，因为人们已经意识到，穿着的舒适健康与外表的光鲜靓丽同等重要，所以同样取自棉花但兼具前二者之优点的纯棉制品，便成为人们日常使用最普遍、最贴身的布料。在欧美发达国家，其实类似的价值取向的转变，在建筑领域早已处于正在进行时。且不论前文所提及的法国专家在现代生土优化机理方面的研究成果，仅从欧美目前主营自然基建材加工的众多企业，便能切身感受到这一变化。后工业化时代，人们已经在向自然回归，但这不是简单的回头，而是一种基于反思的螺旋上升。可以说，现代生土正是我们现阶段努力研究的生土类"纯棉制品"。但与此同时，我们又生怕被贴上"专攻生土"的标签，因为作为建筑师，我们所追求的与很多建筑同仁一样：如何充分利用本土自然条件尤其是潜在的自然资源，研究和实践更具在地性的建筑设计和营建方法，而生土只是我们现阶段在一些具

II-2　建筑学专业四年级设计课程工作营，西安建筑科技大学 2014—2016 年

II-3　环境艺术专业三年级设计课程工作营，西安美术学院 2018 年（1~2）

有生土营建传统的地区，努力研究利用的本土自然资源。

　　本书可以说是土上工作室基于过往的研究实践所作的一个阶段性的思考和小结，受经历、经验和学识的制约，仍存在较多的局限性和欠系统之处。尤其对于"更新与传承"这一宏大的命题，我们所经历和思考的仅仅是一个开始。如果把建筑师比作厨子，我们初始的动机并非如此宏大，只是想做一道色香味俱佳且利于健康的菜，但苦于在菜市场找不到适宜的有机食材，无奈只能自己下田种地，以供自己因地因需烹饪之用。但毕竟，厨子需要很多磨炼才能成为一个好的菜农。因此，尽管短期内厨子们无法改变大多数菜农因产量低、见效慢而不愿种有机菜的现实，但我们仍期望能够有更多充满热情的厨子和专业菜农联合起来，亲力而为，贡献品种更为多元、可供因需选择的美味且健康的佳肴。

　　借由本书，我们想要表达的，并不是要去取代或是否定什么，而是希望在所谓"最好的"唯一选项之外，追寻曾经因地绽放的那份多元，探索属于今天的"纯棉制品"。我们希望，在冰冷的钢筋混凝土丛林之中，人们能够重新触摸和品味人类沉淀了千百年的传统与智慧，感受那份久违的真实和温暖，思考传统之于今天的意义。

II-4　　首届现代生土建筑专题展工作营，北京建筑大学 2017 年（1~4）

II-5   以马岔村为基地举办的系列暑期工作营，2011—2019 年（1~4）

II-6   2015 深港城市＼建筑双城双年展，合作：Martin Rauch（1~2）

II-7　深圳华·美术馆"另一种设计"展览及工作营，2018 年（1~2）
II-8　无止桥现代生土建筑专题展，香港太古城 2018 年（1~2）
II-9　中央美术学院"万物生息——后石油时代的材料与设计"
　　　展览，2021 年（1~2）

图片来源
Photo Credits

前言

I-1 土上工作室于 2017 年举办的首次生土建筑专题展
（1~2）李小虎摄
（3~4）夏至摄

第 1 章
中国传统生土民居及其营建工艺

1.1 生土营建之传统

1.1-1 始建于公元前 1 世纪的高昌故城
全景网提供

1.1-2 始建于公元前 2 世纪的交河故城被誉为世界上最古老、保存得最完好的生土建筑城市
全景网提供

1.1-3 嘉峪关长城，始建于 1372 年
全景网提供

1.1-4 中国传统生土营建工艺的历史发展脉络
作者自绘

1.1-5 世界范围内传统生土建筑分布
作者补充绘制，原图见：FONTAINE L,ANGER R.Bâtir en terre:du grain de sable à l'architecture [M].Belin, 2009:14~15

1.1-6 生土建造传统的发源与传播
作者绘制，所参照原图见：HOUBEN H G, HUBERT. Earth construction: a comprehensive guide [M]. London: Intermediate Technology Publications, 1994: 8

1.1-7 摩洛哥艾本哈杜城堡
出自：Fatma Mehmetoglu.Kültürlerin buluşma noktası: Fas [EB/OL]. (2021-04-17)[2021-06-05]. https:// www.gzt.com/arkitekt/kulturlerin-bulusma-noktasi-fas-3591056

1.1-8 古埃及拉美西斯神庙储藏室
Flemming Ubbesen 摄

1.1-9 西班牙比亚尔城堡
出自：Toni Garez. Alicante estrena la Gran Ruta Costa Blanca Interior para senderistas[EB/OL].(2017-04-24)[2020-11-05]. https://www.efetur.

1.1-10 也门希巴姆古城
LuAnne Cadd 摄

1.1-11 于 1830 年采用夯土墙与木梁柱混合承重体系建造的 6 层住宅楼：Rath House，德国威尔堡
David Escobar 摄

1.2 传统生土材料的应用类型

1.2-1 生土材料工艺分类
作者绘制，底图出自：HOUBEN H G, HUBERT.Earth construction:a comprehensive guide [M]. London: Intermediate Technology Publications, 1994:5

1.2-2 连续版筑，四川甘孜
作者自摄

1.2-3 短板夯筑，四川会理
作者自摄

1.2-4 椽筑，甘肃庆阳（部分地区水平木椽已被刚度更大的钢管代替）
作者自摄

1.2-5 土墼制作，甘肃庆阳
作者自摄

1.2-6 土墼晾晒，甘肃庆阳
作者自摄

1.2-7 土墼砌筑，甘肃庆阳
作者自摄

1.2-8 土坯制作
出自：嫌买的砖块太贵，直接挖一车土现浇成土坯砖，盖的房冬暖又夏凉！[EB/OL].(2019-12-04)[2021-05-05].https://k.sina.com.cn/article_724 7900508_1b0022f5c00100njku.html

1.2-9 土坯晾晒，云南大理
柏玉峰摄

1.2-10 土坯砌筑，西藏拉萨
周铁钢摄

1.2-11 草泥拌和，甘肃庆阳
作者自摄

1.2-12 草泥抹面，甘肃庆阳
作者自摄

1.2-13 竹骨泥墙
郑文骅摄

1.2-14 木骨泥墙

Pany Goff 摄

1.2-15 窑洞挖掘
张琦摄

1.2-16 地坑窑窑面处理
张琦摄

1.2-17 锢窑，甘肃会宁
作者自摄

1.2-18 靠山窑，甘肃庆阳
作者自摄

1.3 中国传统生土民居

1.3-1 中国传统生土民居分布现状
作者自绘，底图出自：中国地图 [EB/OL]. [2021-10-13]. http://bzdt. ch.mnr.gov.cn

1.3-2 田螺坑村土楼群，福建漳州南靖县书洋镇
黄汉民摄

1.3-3 河坑村土楼群，福建漳州南靖县书洋镇
何兴水摄

1.3-4 建于 1419 年的集庆楼，福建龙岩市永定区下洋镇初溪村
黄汉民摄

1.3-5 建于 1736 年的庆云楼，福建宁德柘荣县楮坪乡洪坑村
黄汉民摄

1.3-6 承启楼内院，福建龙岩永定区高头乡高北村
黄汉民摄

1.3-7 奎聚楼内景，福建龙岩永定区湖坑镇洪坑村
作者自摄

1.3-8 土楼夯筑
艾蒙德摄

1.3-9 双元堡，福建三明沙县凤岗街道水美村
戴志坚摄

1.3-10 拥有 400 多年历史的潭城堡，福建三明大田县广平镇栋仁村
戴志坚摄

1.3-11 建于明末的广平祠琵琶堡，福建三明大田县建设镇建国村
戴志坚摄

1.3-12 中埔寨，福建福州永泰县长庆镇中

埔村
戴志坚摄

1.3-13 茂荆堡，福建三明尤溪县台溪乡盖竹村
戴志坚摄

1.3-14 安良堡，福建三明大田县桃源镇东坂畲族村
戴志坚摄

1.3-15 安良堡内土墙
戴志坚摄

1.3-16 江西赣州石城县大畲村南庐大屋
郭海鞍摄

1.3-17 浙江龙泉屏南镇车盘坑村夯土民居聚落
李君洁提供

1.3-18 浙江丽水松阳县界首村传统生土民居
（1~2）作者自摄

1.3-19 安徽安庆潜山市传统大屋民居
（1~2）曹璐提供
（3）作者自摄

1.3-20 福建宁德蕉城区虎贝镇文峰村生土民居
郭海鞍摄

1.3-21 潮汕传统生土民居"下山虎"，广东深圳观澜镇大水田村
汇图网提供

1.3-22 潮汕传统生土民居"四点金"
汇图网提供

1.3-23 客家夯土碉楼，广东东莞凤岗镇
汇图网提供

1.3-24 闽东生土民居"穿瓦衫"墙，福建福州永泰县嵩口镇中山村
王正阳摄

1.3-25 夯土肌理
（1~9）作者自摄

1.3-26 土坯墙肌理
（1~3）作者自摄

1.3-27 黄土高原地貌景观
汇图网提供

1.3-28 陕北靠崖式窑洞与黄土高原地貌
汇图网提供

1.3-29 窑洞聚落，山西临汾汾西县僧念镇师家沟村
王军摄

1.3-30 陕西榆林米脂县印斗镇刘家峁村窑洞聚落
艾克生摄

1.3-31 姜氏庄园，陕西榆林米脂县印斗镇刘家峁村
艾克生摄

1.3-32 豫西下沉式窑洞聚落
胡民举摄

1.3-33 山西靠崖式窑洞民居
王军摄

1.3-34 河南陕县下沉式窑洞
作者自摄

1.3-35 山西独立式窑洞民居
王军摄

1.3-36 甘肃会宁独立式窑洞

1.3-37 甘肃会宁丁沟乡马岔村生土合院聚落
作者自摄

1.3-38 甘肃会宁生土合院民居
（1~2）作者自摄

1.3-39 甘肃会宁利用生土建造的生产生活设施：仓储设施、草泥蜂窝、草泥土缸、牲畜棚圈
（1~4）作者自摄

1.3-40 河南焦作修武县黑岩村生土合院民居
（1~2）作者自摄

1.3-41 甘肃白银景泰县永泰古村
汇图网提供

1.3-42 甘肃武威传统生土合院民居
作者自摄

1.3-43 香格里拉山谷中的传统藏族聚落
作者自摄

1.3-44 拉萨地区生土藏房民居
（1~2）Dennis Jarvis 摄

1.3-45 甘肃甘南迭部县益哇乡扎尕那村生土藏房聚落
杨可扬摄

1.3-46 1993 年的江孜县城传统藏房街区
出自：老照片：西藏 1993 年，风格古朴粗犷的传统民居 [EB/OL]. (2018–04–21)[2021–05–05]. https://m.sohu.com/a/227358629_344409

1.3-47 西藏日喀则地区生土藏房民居
Vinko Rajic 摄

1.3-48 四川甘孜藏族自治州河谷中的生土碉房聚落
作者自摄

1.3-49 云南迪庆德钦县藏族生土碉房聚落
郑文骅摄

1.3-50 四川甘孜藏族自治州乡城县香巴拉镇色卡宫村生土碉房聚落
乡城县住房和城乡建设局提供

1.3-51 生土碉房，四川甘孜地区
（1~2）作者自摄

1.3-52 四川甘孜藏族自治州乡城县香巴拉镇色卡宫村生土碉房聚落
四川省住房和城乡建设厅提供

1.3-53 生土碉房室内：
（1）厨房
作者自摄
（2）堂屋
赵西子摄

1.3-54 生土碉房土墙夯筑
（1~3）作者自摄

1.3-55 阿里雪山下"戴帽"改造后的生土碉房
郑文骅摄

1.3-56 西藏山南地区扎囊县朗赛林乡朗赛林庄园
周铁钢摄

1.3-57 生土碉房屋面施工
作者自摄

1.3-58 土墙板屋，云南迪庆
（1）（5）郑文骅摄
（2~4）作者自摄

1.3-59 土墙板屋土墙夯筑，云南迪庆建塘镇
（1~3）赵西子摄

1.3-60 青海省循化县文都乡拉代村庄廓聚落
靳亦冰摄

1.3-61 青海循化县道帏乡张沙村庄廓聚落
靳亦冰摄

1.3-62 青海同仁县土族庄廓聚落
郑云峰摄

1.3-63 藏族庄廓院落
靳亦冰摄

1.3-64 土族庄廓院落
靳亦冰摄

1.3-65 青海玉树震后屹立不倒的崩空式生土藏房
（1~2）作者自摄

1.3-66 四川甘孜炉霍县崩空式生土藏房
（1~2）陈颖摄

1.3-67 云南丽江纳西族村落
作者自摄

1.3-68 云南丽江玉龙县宝山乡石头城
作者自摄

1.3-69 云南红河哈尼族蘑菇房聚落
杨大禹摄

1.3-70 云南红河土掌房聚落
Anders Johnson 摄

1.3-71 云南曲靖会泽县大海乡彝族石板房
杨大禹摄

1.3-72 云南丽江白沙古镇生土合院民居
作者自摄

1.3-73 云南大理沙溪镇华龙村夯土合院民居
作者自摄

1.3-74 云南红河石屏县生土合院
杨大禹摄

1.3-75 云南大理巍山县东莲花回族村落
（1~2）作者自摄

1.3-76 东莲花村"三坊一照壁"与"四合五天井"
（1~3）作者自摄

1.3-77 夯筑施工，云南大理沙溪镇
（1~2）李君洁摄
（3）杨洋摄

1.3-78 云南丽江石头城传统生土民居
（1~3）作者自摄

1.3-79 生土肌理
（1~9）作者自摄

1.3-80 云南红河泸西县城子村土掌房民居
（1）作者自摄
（2~3）杨大禹摄

1.3-81 土掌房室外空间的高效利用
（1~3）作者自摄

1.3-82 云南红河哈尼族"蘑菇房"
（1）孙娜摄
（2）杨大禹摄
（3）杨馥丹摄

1.3-83 川陕夯土民居，四川广元旺苍县东河镇凤阳村
作者自摄

1.3-84 川陕夯土民居，四川巴中清江镇塘坝村

1.3-85　川陕夯土民居，四川绵阳梓潼县
　　　　（1~2）作者自摄
1.3-86　川陕民居竹骨泥墙，四川巴中通江县
　　　　文胜乡白石寺村
　　　　（1~3）作者自摄
1.3-87　川陕夯土民居，重庆巫山
　　　　作者自摄
1.3-88　乌蒙山区传统夯土民居，贵州毕节威
　　　　宁县牛棚镇手工村
　　　　（1~2）作者自摄
1.3-89　乌蒙山区夯土茅草房，云南昭通盘
　　　　河乡
　　　　作者自摄
1.3-90　贵州毕节威宁县牛棚镇土目庄园
　　　　（1~3）作者自摄
1.3-91　喀什高台维吾尔民族聚居区
　　　　全景网提供
1.3-92　吐鲁番吐峪沟生土民居聚落
　　　　Imaginechina Limited 提供
1.3-93　昆仑山麓中的生土民居村落，新疆克
　　　　州阿克陶县克孜勒陶乡
　　　　Top Photo Corporation 提供
1.3-94　维吾尔族下商上住式生土民居，新疆
　　　　喀什莎车县
　　　　Eric Lafforgue 摄
1.3-95　藤架遮蔽下的维吾尔族民居院落，新
　　　　疆喀什城区
　　　　作者自摄
1.3-96　檐廊苏帕上就餐的维吾尔族老人
　　　　François-Olivier Dommergues 提供
1.3-97　土坯墙施工：
　　　　（1）土坯制作与晾晒，新疆喀什
　　　　　　周铁钢摄
　　　　（2）土坯墙砌筑，新疆喀什
　　　　　　周铁钢摄
　　　　（3）土坯墙砌筑，新疆吐鲁番
　　　　　　Pete Niesen 提供
1.3-98　编笆泥墙棚圈，新疆和田
　　　　和田县住房和城乡建设局提供
1.3-99　草泥井干墙，新疆伊犁
　　　　View Stock 提供
1.3-100　施工中的吐鲁番生土民居
　　　　Hemis 提供
1.3-101　葡萄晾房，新疆吐鲁番葡萄沟
　　　　Hsiu Chuan Yu 摄
1.3-102　葡萄晾房，新疆哈密
　　　　周铁钢摄
1.3-103　包含高架棚、半地下地窖与外廊平台
　　　　等要素的典型吐鲁番生土民居院落
　　　　作者自摄
1.3-104　高台民居天井院落，新疆喀什
　　　　（1~3）作者自摄
1.3-105　高台民居天井院落，新疆喀什
　　　　作者自摄
1.3-106　柯尔克孜族生土民居，新疆喀什塔什
　　　　库尔干镇
　　　　Eric Lafforgue 摄
1.3-107　沙漠绿洲中的生土民居院落，新疆和

田民丰县喀帕克阿斯干村
　　　　John Warburton 摄
1.3-108　克里雅河畔的生土民居，新疆和田
　　　　于田县达里亚博依乡
　　　　Xinhua 提供
1.3-109　慕士塔格山卡拉库里湖畔生土民居，
　　　　新疆克州阿克陶县布伦口乡
　　　　Chris Redan 摄
1.3-110　沙漠边缘的生土民居村落，新疆和
　　　　田县达里亚博依乡达斯托里扎村
　　　　Xinhua 提供

第2章
生土材料科学

2.1　生土材料的应用机理

2.1-1　土壤中的粒级构成
　　　　CRATerre-ENSAG 提供
2.1-2　土壤分类三角坐标
　　　　作者绘制，底图出自：熊顺贵. 基础
　　　　土壤学 [M]. 北京：中国农业大学出
　　　　版社，2001:50
2.1-3　玻璃球之间形成的液桥
　　　　出自：FONTAINE L, ANGER R. Bâtir
　　　　en terre: du grain de sable à l'archi-
　　　　tecture [M]. Belin, 2009:146
2.1-4　显微镜下典型土壤黏粒的微观结构
　　　　（1~9）
　　　　The Mineralogical Society of Great
　　　　Britain & Ireland and The Clay Min-
　　　　erals Society 提供
2.1-5　在以液桥为主的综合力作用下，黏粒
　　　　将所有土粒黏结聚合在一起
　　　　作者绘制，底图出自：FONTAINE
　　　　L, ANGER R. Bâtir en terre: du grain
　　　　de sable à l'architecture [M]. Belin,
　　　　2009:152
2.1-6　全国部分省市典型土壤粒级构成柱
　　　　状图
　　　　作者绘制

2.2　传统生土材料的性能特点

2.2-1　生土材料在建筑全生命周期中的可持
　　　　续循环
　　　　作者绘制，底图出自：SCHROEDER
　　　　H. Konstruktion und Ausführung von
　　　　Mauerwerk aus Lehmsteinen [M].
　　　　Mauerwerkkalender, 2009:290
2.2-2　墙体材料蕴含能耗对比图
　　　　作者补充绘制，底图由 amàco 提供
2.2-3　墙体材料蕴含碳排放对比图
　　　　作者补充绘制，底图由 amàco 提供
2.2-4　生土与其他常规墙体材料平衡含水量
　　　　对比
　　　　作者绘制，底图出自：MINKE G.
　　　　Building with earth: design and
　　　　technology of a sustainable archi-

tecture [M]. Walter de Gruyter,
　　　　2013:17
2.2-5　生土墙与其他常规墙体吸湿性能对比
　　　　作者绘制，底图出自：MINKE G.
　　　　Building with earth: design and
　　　　technology of a sustainable archi-
　　　　tecture [M]. Walter de Gruyter,
　　　　2013:31
2.2-6　生土材料与其他常规墙体材料导热系
　　　　数对比
　　　　作者绘制，数据参考：
　　　　（1）中华人民共和国住房和城乡建
　　　　　　设部. 民用建筑热工设计规范
　　　　　　GB50176-2016[M]. 北京：中国
　　　　　　建筑工业出版社，2016:77-85
　　　　（2）amàco 提供数据
　　　　（3）土上工作室检测数据
2.2-7　生土材料与其他常规墙体材料 24h
　　　　蓄热系数对比
　　　　作者绘制，数据参考：
　　　　（1）中华人民共和国住房和城乡
　　　　　　建设部. 民用建筑热工设计规范
　　　　　　GB50176-2016[M]. 北京：中国建筑
　　　　　　工业出版社，2016:77-85
　　　　（2）amàco 提供数据
　　　　（3）土上工作室检测数据
2.2-8　室外昼夜气温波动下生土墙内外温度
　　　　变化
　　　　作者绘制，底图出自：SCHROEDER
　　　　H. Konstruktion und Ausführung von
　　　　Mauerwerk aus Lehmsteinen [M].
　　　　Mauerwerkkalender, 2009:400
2.2-9　沙特阿拉伯传统生土合院民居及其与
　　　　预制混凝土房屋室内气温对比
　　　　作者绘制，底图出自：BOURGEOIS
　　　　J-L, PELOS C. Spectacular vernacu-
　　　　lar: a new appreciation of traditional
　　　　desert architecture [M]. Peregrine
　　　　Smith Books, 1983：56
2.2-10　传统生土材料与常规建材的表观密度
　　　　和立方体抗压强度对比：
　　　　（1）表观密度
　　　　（2）抗压强度
　　　　作者绘制，数据参考：
　　　　（1）洪向道. 新编常用建筑材料手册
　　　　　　[M]. 北京：中国建材工业出版
　　　　　　社，2006
　　　　（2）amàco 提供数据
　　　　（3）土上工作室检测数据
2.2-11　传统夯土墙墙基碱蚀破坏，甘肃会宁
　　　　作者自摄
2.2-12　屋顶漏雨导致土墙的雨水侵蚀破坏，
　　　　四川绵阳
　　　　作者自摄
2.2-13　迎风夯土山墙风雨侵蚀破坏，重庆
　　　　巫山
　　　　作者自摄
2.2-14　从干涸的地表可以清晰地看到黏粒的
　　　　湿胀干缩作用

2.2-15 夯土墙干燥过程中墙面干缩缝的形成机理
作者绘制，底图出自：SCHROEDER H. Sustainable building with earth [M]. Springer, 2016:146

2.2-16 雨水侵蚀多年后的夯土墙干缩裂缝
（1~2）作者自摄

2.2-17 传统生土材料的性能优势与缺陷
作者自绘

2.3 生土营建工艺的优化与提升

2.3-1 各类传统生土营建工艺对土质和含水率控制的要求
作者绘制，底图出自：HOUBEN H G, HUBERT. Earth construction: a comprehensive guide [M]. London: Intermediate Technology Publications, 1994:110–111

2.3-2 夯土材料级配优化粒度分布图
作者自绘

2.3-3 新型夯土墙中的各粒径土粒聚合状态示意图
CRATerre-ENSAG 提供

2.3-4 迎风雨面夯土墙墙面状态：
（1）马丁·劳奇自宅；
（2）马岔村首栋示范房
（1~2）作者自摄

2.3-5 现代夯土建筑设计与施工所需综合研究的关联要素
作者自绘

2.3-6 土上工作室研发或引入的三类夯筑模板系统：
（1）适用于高质量施工的现代铝镁合金模板体系
李强强摄
（2）适用于农村粗放型建设模式的夯筑模板体系
（3）适用于室内精细化作业的薄壁夯筑模板体系
（2~3）作者自摄

2.3-7 夯土墙承重结构体系振动台模拟试验：
（1）坡屋顶与平屋顶夯土房试验模型
（2）当震动能量达到8.5度地震设防烈度时，墙面仅出现少量轻微裂缝
（1~2）周铁钢摄

2.3-8 现代生土工艺丰富多元的表现形式
（1）（4）CRATerre-ENSAG 提供
（2）Stefano Mori 摄
（3）出自：TERRA Award Honorable Mentions[EB/OL].(2016-05-15)[2020-11-05]. http://terra-award.org/honorable-mentions/
（5）Annette Spiro 摄

（6）出自：Windhover Contemplative Center / Aidlin Darling Design [EB/OL].(2015-03-18) [2020-11-05]. https://www.archdaily.com/608268/windhover-contemplative-center-aidlin-darlin-design

（7）出自：Rammed-Earth Stoves [EB/OL]. (2016-03-20) [2020-11-05]. https://www.lehmtonerde.at/en/products/product.php?aID=110

（8）出自：A Modern Northern California Tree Ranch[EB/OL].(2015-08-06)[2020-11-05]. https://luxesource.com/a-modern-northern-california-tree-ranch/#.Yba_xWJBwuU

第 3 章
国际当代生土建筑发展动态

3.1 基础研究与标准制定

3.1-1 联合国教科文组织"生土建筑、文化与可持续发展"教席成员机构分布
作者绘制，数据由 CRATerre-ENSAG 提供，原图出自：FONTAINE L, ANGER R. Bâtir en terre: du grain de sable à l'architecture [M]. Belin, 2009: 14–15

3.1-2 国际当代生土建筑代表案例分布
CRATerre-ENSAG 提供

3.1-3 国际生土建筑中心每年一度的"生土建筑节"
（1~3）作者自摄
（4~6）CRATerre-ENSAG 提供

3.2 生土营建工艺当代应用实践案例

3.2-0 Terra 2016 世界大会在里昂召开
作者自摄

3.2-1 ~ 3.2-152
MUSEO Expositions 提供

第 4 章
现代生土建筑的本土化研究与实践

4.1 农房建设示范与推广

4.1-0 土上工作室开展的示范建设与实践项目分布
徐欣妍绘制

4.1-1 一座季节性的独木桥是马鞍桥村与外界的唯一交通联系
作者自摄

4.1-2 当地典型的人畜共居式的传统夯土合院在地震中损毁严重，马鞍桥村民们的重建之路面临着一系列挑战

（1~2）作者自摄

4.1-3 震后志愿者团队深入各户开展访谈、调研和方案论证工作
（1~2）万丽摄

4.1-4 项目推进策略
作者自绘

4.1-5 夯土墙力学性能优化现场实验
杨华摄

4.1-6 传统夯土农宅建筑结构体系与夯筑工艺优化
（1~2）晏睿绘制

4.1-7 基于本地自然材料的抗震构造措施：木构造柱、木圈梁、竹筋、木销
（1~2）杨华摄

4.1-8 驻场的志愿者与参与示范培训的村民和工匠
无止桥慈善基金提供

4.1-9 兼顾村民现场技术培训的示范农房建设
（1~3）作者自摄

4.1-10 通过邻里互助建成的各户新宅及其分布示意
万丽与作者拍摄并绘制

4.1-11 2010 年的马鞍桥村已恢复到震前的宁静与祥和
万丽摄

4.1-12 发动村民和志愿者共建完成的村民活动中心
（1~2）作者自摄

4.1-13 土上工作室基于项目研究成果编写出版的《抗震夯土农宅建造图册》
周铁钢，穆钧，杨华. 抗震夯土农宅建造图册[M]. 北京：中国建筑工业出版社,2009

4.1-14 由志愿者设计并与村民共同建造的马鞍桥村第一座跨河便桥
作者自摄

4.1-15 会宁县丁沟乡马岔村
作者自摄

4.1-16 当地传统生土合院民居
作者自摄

4.1-17 新型生土农房结构体系优化
王帅绘制

4.1-18 适用于农村建设的新型夯筑模板体系及其研发原则
作者自绘

4.1-19 2011 年夏在马岔村举行的首个具有试验性质的现代夯土工作营
（1~2）无止桥慈善基金提供

4.1-20 首个现代夯土示范农房于 2012 年秋在马岔村建设完成
（1~3）王帅摄

4.1-21 2014 年土上工作室编写出版的第二本夯土技术指导图册
穆钧，周铁钢，王帅，等. 新型夯土绿色民居建造技术指导图册[M]. 北京：中国建筑工业出版社，2014

4.1-22 在各地开展的现代夯土农宅示范与推广建设：

（1）甘肃定西
　　李强强摄
（2）甘肃会宁
　　王帅摄
（3）贵州威宁
　　周健摄
（4）河北涿鹿
　　赵川石摄
（5）湖北十堰
　　胡亮摄
（6）江西赣州
　　左德亮摄
（7）内蒙古鄂尔多斯
　　詹林鑫摄
（8）青海大通
　　师仲霖摄
（9）新疆喀什
　　黄岩摄

4.2　现代建筑设计与应用实践

4.2-1　毛寺生态实验小学全貌
　　　　作者自摄
4.2-2　热工模拟试验证明，以土坯为基础的
　　　　当地传统建造技术具有突出的节能性
　　　　价比
　　　　作者自绘
4.2-3　总平面图
　　　　作者自绘
4.2-4　教室E剖面图
　　　　作者自绘
4.2-5　小学的建设由本村的村民工匠按照传
　　　　统的组织模式施工完成
　　　　（1~3）作者自摄
4.2-6　新校舍夏季、冬季室内观测温度对比
　　　　（均在室内无人的状态下）
　　　　作者自绘
4.2-7　学校建设所用大部分材料源于就地取
　　　　材的自然资源
　　　　作者自绘
4.2-8　校园一隅
　　　　（1~8）作者自摄
4.2-9　教室室内
　　　　（1~3）作者自摄
4.2-10　马岔村民活动中心一隅
　　　　　李强强摄
4.2-11　总平面图
　　　　　李强强绘制
4.2-12　冬雪中的活动中心
　　　　　（1~2）李强强摄
4.2-13　建成后的中心
　　　　　（1）李强强摄
　　　　　（2）蒋蔚摄
4.2-14　一层平面图
　　　　　李强强绘制
4.2-15　负一层平面图
　　　　　李强强绘制
4.2-16　剖面图
　　　　　李强强绘制

4.2-17　中心雨水收集与风力发电系统
　　　　　李强强绘制
4.2-18　瞭望台
　　　　　（1~2）李强强摄
4.2-19　托儿所儿童活动空间
　　　　　（1）（3）作者自摄
　　　　　（2）蒋蔚摄
4.2-20　中心一隅
　　　　　（1）（5）蒋蔚摄
　　　　　（2~4）李强强摄
4.2-21　场院
　　　　　作者自摄
4.2-22　活动中心的建设以村民工匠为主力，
　　　　　在80多位大学生志愿者的共同参与
　　　　　下实施完成（1~4）
　　　　　无止桥慈善基金提供
4.2-23　落成后的中心已成为开展村民日常活
　　　　　动、志愿者工作营和工匠培训的基地
　　　　　（1~6）
　　　　　无止桥慈善基金提供
4.2-24　万科西安大明宫楼盘景观中庭
　　　　　王戈工作室提供
4.2-25　施工场景
　　　　　陆磊摄
4.2-26　景观中庭鸟瞰
　　　　　王戈工作室提供
4.2-27　景观中庭一隅（1~4）
　　　　　王戈工作室提供
4.2-28　景观中庭夜景
　　　　　王戈工作室提供
4.2-29　屋顶俯瞰
　　　　　朱捍东摄
4.2-30　博物馆鸟瞰全貌
　　　　　朱捍东摄
4.2-31　序厅
　　　　　朱捍东摄
4.2-32　主入口前区
　　　　　田方方摄
4.2-33　北侧内庭
　　　　　田方方摄
4.2-34　中央大厅
　　　　　田方方摄
4.2-35　中央大厅整体空间效果
　　　　　作者自摄
4.2-36　夏博一隅（1~2）
　　　　　作者自摄
4.2-37　铜与土
　　　　　田方方摄
4.2-38　生活体验馆鸟瞰
　　　　　李季摄
4.2-39　外界面材料构成
　　　　　郑世伟提供
4.2-40　生活体验馆前区广场
　　　　　李季摄
4.2-41　夜景鸟瞰
　　　　　李季摄
4.2-42　生活体验馆一隅
　　　　　（1）（3）李广林摄
　　　　　（2）张广源摄

4.2-43~4.2-45
　　　　　邱硕成摄
4.2-46~4.2-48
　　　　　许晓东摄
4.2-49　光影与肌理
　　　　　作者自摄
4.2-50　面向竹林的气泡窗
　　　　　谢月皎摄
4.3-51　改造后的西立面夜景
　　　　　作者自摄
4.2-52　改造前的房屋状况（1~2）
　　　　　作者自摄
4.2-53~4.2-56
　　　　　蒋蔚绘制
4.3-57　改造后的东立面（1~2）
　　　　　作者自摄
4.3-58　竹林与书屋
　　　　　作者自摄
4.2-59　土坯墙的加固尽可能留存了村民们在
　　　　　物质层面共同的记忆
　　　　　作者自摄
4.2-60　"桌子"下部的室内空间
　　　　　作者自摄
4.2-61　室内空间
　　　　　（1）"桌面"上的阁楼空间
　　　　　　　蒋蔚摄
　　　　　（2）从室内看面向竹林的气泡窗
　　　　　　　谢月皎摄
　　　　　（3）室内通高空间
　　　　　　　作者自摄
4.2-62　"桌子"限定出的多重空间
　　　　　（1）蒋蔚摄
　　　　　（2）（4）谢月皎摄
　　　　　（3）作者自摄
4.2-63~4.2-64
　　　　　作者自摄
4.2-65　如今书屋已进入良好的自组织运行状
　　　　　态（1~5）
　　　　　（1）作者自摄
　　　　　（2）（3）（5）程西林摄
　　　　　（4）刘琳摄
4.2-66　戏剧幻城俯视图
　　　　　王戈工作室提供
4.2-67　戏剧幻城东大墙整体鸟瞰
　　　　　王戈工作室提供
4.2-68　东大墙入口区
　　　　　（1）王戈工作室提供
　　　　　（2）唐爽摄
　　　　　（3）作者自摄
4.2-69　东大墙投影秀
　　　　　（1）王戈工作室提供
　　　　　（2）（3）作者自摄
4.2-70　剧场酒店薄壁夯筑
　　　　　（1）（4）唐爽摄
　　　　　（2）（3）作者自摄
4.2-71　夯筑接待台
　　　　　（1）作者自摄
　　　　　（2）（3）唐爽摄
　　　　　（4）詹林鑫摄

4.2-72　夯土马赛克饰面
　　　　（1~2）作者自摄
4.2-73~4.2-82
　　　　作者自摄

4.3　视觉表现与设计

4.3-1　孟塞尔颜色系统
　　　　出自：Munsell Color Systems–
　　　　For Industrial, Scientific+Govern-
　　　　ment[EB/OL].(2021-01-20)[2021-
　　　　08-05]. https://www.pantone.com/
　　　　color-systems/for-industrial-scientif-
　　　　ic-government-munsell
4.3-2　2017年生土建筑专题展中"土的色
　　　　彩"呈现
　　　　作者自摄
4.3-3　十几年来土上工作室采集的部分土
　　　　样及其分布
　　　　徐欣妍绘制
4.3-4　在土上工作室按地域分布展示的部分
　　　　土样
　　　　作者自摄
4.3-5　土样采集时的原状土色彩
　　　　（1~12）作者自摄
4.3-6　"土生土长"生土建筑实践京港双城展
　　　　（1~5）作者自摄
4.3-7　夯土工艺柱体试块
　　　　（1~12）顾倩倩摄
　　　　（12~25）作者自摄
4.3-8　夯筑工艺样片
　　　　（1~10）顾倩倩摄

4.3-9　生土现浇工艺试块
　　　　（1~8）顾倩倩摄
4.3-10　生土抹面工艺样片
　　　　（1~9）作者自摄
4.3-11　手工夯制而成的承花摆件
　　　　（1~4）顾倩倩摄
4.3-12　"鸟巢"
　　　　顾倩倩摄
4.3-13　2017年生土建筑专题展纪念品
　　　　顾倩倩摄
4.3-14　花器
　　　　（1~2）唐爽摄
4.3-15　基于传统工艺手工制作的"土球"
　　　　唐爽摄
4.3-16　生土夯制而成的香薰摆件
　　　　（获得2018年意大利米兰设计周土作
　　　　设计一等奖）
　　　　唐爽摄
4.3-17　采用3D生土打印技术制作的器皿
　　　　（1~2）
　　　　作者自摄
4.3-18　夯土马赛克饰面（1~3）
　　　　顾倩倩摄
4.3-19　采用夯筑工艺制作的夯土挂板饰品
　　　　顾倩倩摄
4.3-20　利用特制模具现场机械夯筑的室外柱
　　　　形装置
　　　　夏至摄
4.3-21　采用单元预制＋现场组装的方式完
　　　　成的室内柱形装置（1~4）
　　　　夏至摄

后记

图II-1　作者师生团队
　　　　作者自摄
图II-2　建筑学专业四年级设计课程工作营，
　　　　西安建筑科技大学2014—2016年
　　　　作者自摄
图II-3　环境艺术专业三年级设计课程工作
　　　　营，西安美术学院2018年
　　　　（1~2）西安美术学院建筑环境艺术
　　　　系提供
图II-4　首届现代生土建筑专题展工作营，北
　　　　京建筑大学2017年
　　　　（1~4）林泽昕摄
图II-5　以马岔村为基地举办的系列暑期工作
　　　　营，2011—2019年
　　　　（1~4）无止桥慈善基金提供
图II-6　2015深港城市\建筑双城双年展，
　　　　合作：Martin Rauch
　　　　（1~2）陆磊摄
图II-7　深圳华·美术馆"另一种设计"展览
　　　　及工作营，2018年
　　　　（1~2）作者自摄
图II-8　无止桥现代生土建筑专题展，香港太
　　　　古城，2018年
　　　　（1~2）作者自摄
图II-9　中央美术学院"万物生息——后石油
　　　　时代的材料与设计"展览，2021年
　　　　（1~2）作者自摄

参考文献
Reference

[1] 中国社会科学院考古研究所. 中国考古学·新石器时代卷 [M]. 北京：中国社会科学出版社，2010.

[2] 刘叙杰. 中国古代建筑史·第一卷 [M]. 北京：中国建筑工业出版社，2009.

[3] 傅熹年. 中国科学技术史·建筑卷 [M]. 北京：科学出版社，2008.

[4] 傅熹年. 中国古代建筑史·第二卷 [M]. 北京：中国建筑工业出版社，2009.

[5] 中国科学院自然科学史研究所. 中国古代建筑技术史 [M]. 北京：科学出版社，1985.

[6] 孙大章. 中国古代建筑史·第五卷 [M]. 北京：中国建筑工业出版社，2009.

[7] HOUBEN H G, HUBERT. Earth construction: a comprehensive guide [M]. London: Intermediate Technology Publications, 1994.

[8] MINKE G. Building with earth: design and technology of a sustainable architecture [M]. Walter de Gruyter, 2013.

[9] 穆钧. 生土营建传统的发掘、更新与传承 [J]. 建筑学报，2016 (4):1–7.

[10] 黄汉民. 福建土楼建筑 [M]. 福州：福建科技出版社，2012.

[11] 戴志坚. 福建土堡与福建土楼建筑形态之辨异 [J]. 中国名城，2012 (4):50–5.

[12] 戴志坚，陈琦. 福建土堡 [M]. 中国建筑工业出版社，2014.

[13] 陈鑫. 福建土堡为代表的传统夯土版筑建造体系研究 [D]. 南京：南京大学，2012.

[14] 林少峰. 潮汕传统民居山墙及厝角头造型研究 [D]. 广州：华南理工大学，2016.

[15] 黄土高原：奠定中华文明的深度与厚度 [J]. 中国国家地理，2017 (10):186–203.

[16] 邹逸麟，张修桂. 中国历史自然地理 [M]. 北京：科学出版社，2013.

[17] 侯继尧，王军. 中国窑洞 [M]. 郑州：河南科学技术出版社，1999.

[18] 王军. 西北民居 [M]. 北京：中国建筑工业出版社，2011.

[19] 马生林. 青藏高原生态变迁 [M]. 北京：社会科学文献出版社，2011.

[20] 杨大禹. 云南民居 [M]. 北京：中国建筑工业出版社，2009.

[21] 张兴国，王及宏. 康巴藏区棚空的类型、演变与地域性分布 [J]. 新建筑，2007 (5):6–9.

[22] 聂倩张群，成辉. 抗震导向下的四川鲜水河流域崩空民居建筑形式演变研究 [J]. 世界建筑，2019 (7):116–119.

[23] 陈震东. 新疆民居 [M]. 北京：中国建筑工业出版社，2009.

[24] 黄昌勇. 土壤学 [M]. 北京：中国农业出版社，2000.

[25] 熊顺贵. 基础土壤学 [M]. 北京：中国农业大学出版社，2001.

[26] 高世桥，刘海鹏. 毛细力学 [M]. 北京：科学出版社，2010.

[27] SCHROEDER H. Sustainable building with earth[M]. Cham; Heidelberg: Springer Verlag, 2016.

[28] AVILA F, PUERTAS E, GALLEGO R J C, et al. Characterization of the mechanical and physical properties of unstabilized rammed earth: A review[J]. Construction and Building Materials, 2020:270.

[29] SCHROEDER H. Konstruktion und Ausführung von Mauerwerk aus Lehmsteinen[M]. Mauerwerkkalender, 2009.

[30] 冷光辉，谯耕，张叶龙，等. 储热材料研究现状及发展趋势 [J]. 储能科学与技术，2017, 6(5):18.

[31] MöHLER K.Grundlagen der Holzhochbaukonstruktionen[J]. Götz, K-HJ; Hoor, Detal: Holzbauatlas Munich, Germany, 1978.

[32] 刘数华，等. 混凝土的干缩研究 [J]. 大坝与安全，2005(4):55–57.

[33] 方世强. 中国传统糖水灰浆和蛋清灰浆科学性研究 [J]. 中国科学：技术科学，2015, 45(8): 865–873.

[34] SCHROEDER H. Modern earth building codes, standards and normative development[M]// Modern Earth Buildings. Elsevier, 2012: 72-109.

[35] FONTAINE L, ANGER R. Bâtir en terre: du grain de sable à l'architecture[M]. Paris: Belin, Cité des sciences et de l'industrie, 2009.

[36] AFNOR. XP P13-901: Compressed Earth Blocks for Walls and Partitions: Definitions-Specifications-Test Methods-Delivery Acceptance Conditions[S]. St. Denis la Plaine CEDEX; AFNOR, 2001.

[37] BUREAU G C. New Mexico Adobe and Rammed Earth Building Code[M]. General Construction Bureau, USA, 1991.

[38] RECORDS N M S C O P. New Mexico Administrative Code: Chapter 7 Building Codes General: Part 4 New Mexico Earthen Building Materials Code[S]. 2009.

[39] E A. ASTM E2392/E2392M Standard Guide for Design of Earthen Wall Building Systems [M]. Pennsylvania, United States; ASTM International, 2016.

[40] MIDDLETON G F. Earth-wall construction: pise or rammed earth, adobe or puddled earth, stabilized earth[M]. Sydney, Australia: Dept. of works and Housing, Commonwealth Experimental Building Station, 1952.

[41] AUSTRALIA S. The Australian Earth Building Handbook[M]. Sydney; Standards Australia, 2002.

[42] ZEALAND S N. NZS 4297: 1998 Engineering Design of Earth Buildings[M]. Wellington, New Zealand; Standards New Zealand, 1998.

[43] ZEALAND S N. NZS 4298: 1998 Materials and Workmanship for Earth Buildings[M]. Wellington, New Zealand; Standards New Zealand, 1998.

[44] ZEALAND S N. NZS 4299: 1998 Earth Buildings not Requiring Specific Design[M]. Wellington, New Zealand; Standards New Zealand, 1998.

[45] EXECUTIVE N Z S. NZS 4297: 2020 Engineering Design of Earth Buildings[M]. Wellington, New Zealand; Standards New Zealand, 2020.

[46] EXECUTIVE N Z S. NZS 4298: 2020 Materials and Construction for Earth Buildings[M]. Wellington, New Zealand; Standards New Zealand, 2020.

[47] EXECUTIVE N Z S. NZS 4299: 2020 Earth Buildings not Requiring Specific

Engineering Design [M]. Wellington, New Zealand; Standards New Zealand, 2020.

[48] LEHM D. Lehmbau Regeln: Begriffe Baustoffe Bauteile[M]. Springer-Verlag, 2013.

[49] STANDARDS D. DIN 18942-1 Earthen materials and products -Part 1: Vocabulary[M]. Berlin, Germany; Deutsches Institut für Normung, 2018.

[50] STANDARDS D. DIN 18942-100 Earthen materials and products - Part 100: Conformity assessment [M]. Berlin, Germany; Deutsches Institut für Normung, 2018.

[51] STANDARDS D. DIN 18946 Earth masonry mortar - Requirements, test and labelling[M]. Deutsches Institut für Normung, 2018.

[52] STANDARDS D. DIN 18945 Earth blocks– Requirements, test and labelling[M]. Berlin, Germany; Deutsches Institut für Normung, 2018.

[53] STANDARDS D. DIN 18947 Earth plasters - Requirements, test and labelling[M]. Berlin, Germany; Deutsches Institut für Normung, 2018.

[54] STANDARDS D. DIN 18948 Earthen boards - Requirements, test and labelling[M]. Berlin, Germany; Deutsches Institut für Normung, 2018.

[55] TSE T S I. Cement Treated Adobe Bricks TS 537[M]. Ankara, Turkey; Turkish Standard Institution, 1985.

[56] TSE T S I. Adobe Blocks and Production Methods TM 2514[M]. Ankara, Turkey; Turkish Standard Institution, 1997.

[57] TSE T S I. Adobe Buildings and Construction Methods TM 2515[M]. Ankara, Turkey; Turkish Standard Institution, 1985.

[58] MOPT. Bases para el diseño y construcción con tapial[M]. Madrid, Spain; Centro de Publicationes, Secretaría General Técnica, Ministerio de Obras Públicas y Transportes, 1992.

[59] AENOR. UNE 41410 Bloques de tierra comprimida para muros y tabiques: Definiciones, especificaciones y métodos de ensayo[M]. Madrid, Spain;AEN/CTN 41, 2008: 28.

[60] STANDARDS B O I. Indian Standard 2110-1980: Code of Practice for In Situ Construction of Walls in Buildings with Soil-Cement[M]. New Dehli, India; Indian Standard IS, 1998.

[61] STANDARDS B O I. Improving Earthquake Resistance of Earthen Buildings - Guidelines[M]. New Delhi, India; Indian Standard IS, 1993.

[62] ACP-EU/CRATERRE-BASIN C F T D O I. Compressed Earth Blocks Series Technologies Nr. 11: Standards[M]. Brussels, Belgium; Center for the Development of Industry ACP-EU/CRATerre-BASIN, 1998.

[63] ACP-EU/CRATERRE-BASIN C F T D O I. Compressed Earth Blocks Series Technologies Nr. 5: Production Equipment[M]. Brussels, Belgium; Center for the Development of Industry ACP-EU/CRATerre-BASIN, 1996.

[64] ACP-EU/CRATERRE-BASIN C F T D O I. Compressed Earth Blocks Series Technologies Nr. 16: Testing procedures[M]. Brussels, Belgium; Center for the Development of Industry ACP-EU/CRATerre-BASIN, 1998.

[65] 吕贻忠. 土壤学 [M]. 北京：中国农业出版社，2006.

图书在版编目（CIP）数据

土生土长 : 生土营建的传统与现代 / 穆钧著 . --
上海 : 同济大学出版社 , 2023.12
　　ISBN 978-7-5765-0892-5

　　Ⅰ.①土… Ⅱ.①穆… Ⅲ.①土结构—民居—研究—
中国 Ⅳ.① TU241.5

　　中国国家版本馆 CIP 数据核字（2023）第 147269 号

土生土长
生土营建的传统与现代

穆钧　著

出 版 人　金英伟
责任编辑　李争
责任校对　徐逢乔
装帧设计　彭怡轩　杨哲
版　　次　2023 年 12 月第 1 版
印　　次　2023 年 12 月第 1 次印刷
印　　刷　上海安枫印务有限公司
开　　本　787mm × 1092mm　1/16
印　　张　25
字　　数　624 000
书　　号　ISBN 978-7-5765-0892-5
审 图 号　GS（2023）4077 号
定　　价　256.00 元
出版发行　同济大学出版社
地　　址　上海市杨浦区四平路 1239 号
邮政编码　200092
网　　址　http://www.tongjipress.com.cn
经　　销　全国各地新华书店

luminocity.cn

光 明 城

LUMINOCITY

"光明城"是同济大学出
版社城市、建筑、设计专
业出版品牌，致力以更新
的出版理念、更敏锐的视
角、更积极的态度，回应
今天中国城市、建筑与设
计领域的问题。